図解・TGV vs. 新幹線

日仏高速鉄道を徹底比較

佐藤芳彦　著

- カバー装幀／芦澤泰偉・児崎雅淑
- 扉・目次デザイン／中山康子
- 図版／さくら工芸社
- カバー・オビ写真／南正時
- 本文写真／佐藤芳彦、秋山芳弘、南正時、守田光雄、山田桑太郎、共同通信社

はじめに

　東海道新幹線は、戦後日本の偉大な発明のひとつといえる。しかし、そこに採用された個々の技術についてみれば、新幹線用に新たに開発されたものもあるが、多くは既存の技術の積み重ねであり、その延長線上にある。一方、ビジネスモデルとしてみれば、産業と人口の集積する東京－大阪間の東海道ベルト地帯を、時速200kmの高速旅客列車により3時間で結び、しかも高頻度で運転するということは、それまでの鉄道の常識を超えていた。

　新幹線が開業したのは1964年で、当時の鉄道先進国である英国、フランス、ドイツおよびイタリアでは、一日数本の列車を時速160kmで運転していた時代であった。日本で高速自動車道と航空機が発達する直前の時代であり、それが新たなマーケット開拓に寄与し、新幹線に成功をもたらした。この成功は日本国内にあった新幹線に対する否定的認識を改めさせ、山陽、東北、上越新幹線等の建設につながった。

　新幹線の成功は、自動車と航空機との競争にさらされ、斜陽といわれていた欧米の鉄道に大きな刺激を与えた。時速200kmへの挑戦が始まり、ドイツが欧米で一番乗りを果たし、フランスと英国がそれに続いた。いずれも在来線を改良し、ドイツとフランスは機関車牽引列車であった。英国は固定編成の高速列車HST（High Speed Train）を開発した。米国とロシア（当時のソビエト連邦）は失敗した。時速160kmから200kmの間には技術的に大きな壁が

あったのである。台車、駆動装置、軌道等々である。

　新線建設と専用車両をセットにした高速鉄道は、1981年に開業したフランスのTGV（超高速列車、Train à Grande Vitesse）がヨーロッパ最初のものであった。東海道新幹線開業から17年後である。それから1986年にイタリア、1991年にドイツが高速鉄道を開業した。TGVも大きな成功をおさめ、フランス国内のみならずヨーロッパ各国における高速鉄道ネットワーク建設の引き金となり、ヨーロッパ連合（EU）交通政策の柱になった。

　高速鉄道はアジアやアフリカ、アメリカにも広がっている。経済成長に伴い、韓国がフランスの技術により2004年に、台湾が日本の技術を導入して2007年に高速鉄道を開業している。そして中国が、日本、ドイツおよびフランスの技術を導入した高速列車の営業運転を在来線で2007年から始め、さらに高速鉄道を建設中である。トルコはスペインと韓国から、モロッコはフランスから技術を導入して、高速鉄道を建設中である。さらに、インド、ベトナム、アルゼンチン、ブラジルおよび南アフリカが高速鉄道の導入を検討し始めている。このように新幹線から始まった高速鉄道網は世界中に広がっている。

　これらの中でもTGVと新幹線は世界市場でしのぎを削っており、何かにつけて比較される。建設コスト、性能、輸送力はどのように違うのか、電車と機関車方式のどちらが得か等々の質問にストレートに答えるのはたいへん難しい。なぜならば、鉄道は建設、運営のそれぞれのプロセスで、その風土、社会的環境に大きく影響を受けているからである。すなわち、平野部が少なくかつ狭い国土に多くの

はじめに

人口を抱える日本と、平坦な国土に人口が分散しているフランスとでは、同じ鉄道といっても求められる技術は異なる。速度重視のTGVと輸送力重視の新幹線はそれぞれの社会を反映している。線路の幅は同じだが、新幹線の線路にTGVを運行すれば、輸送力の少なさが問題となる。同じ編成長400mでTGVが750座席、新幹線電車は1500座席でとても勝負にはならない。逆に、新幹線電車をフランスに持っていけば、速度で引けをとらないにしても、大きすぎて使えない。

100年を超える歴史の中で、それぞれの社会・風土に順応する形で発達してきた鉄道は、地上設備と車両が一体の関係にあり、国際的に規格を統一することはたいへん難しい。ヨーロッパで規格の統一作業が進められているが、蒸気機関車の時代から相互直通運転を行っているという基礎があるものの、それぞれの鉄道が長い年月をかけて築いた技術を一朝一夕に統一できるものではない。

たとえば、電気方式はフランスの交流25,000V、50Hz、ドイツ、スイスおよびスウェーデンの交流15,000V、16 2/3Hzが並列で規格化されている。一方、米国は独自の規格体系を有しており、日本の新幹線もほかの鉄道との共通点は少ない。このように、車両を含めた高速鉄道はオーダーメイドにならざるを得ない。同じように見えても同じにはつくれないのが鉄道の難しいところでもあり、面白いところでもある。この点が自動車や航空機と異なる。自動車や航空機でも納入箇所の気象条件や使用条件に合わせた仕様変更が行われるが、機体そのものの大きさや形状を変えるほどの変更はない。

経済のグローバル化とともに、航空運賃が安くなり、インターネットを始めとする通信手段の発達もあって、海外旅行は身近なものとなっている。海外ツアーのチラシにはジュネーブ‐パリ間のTGVで幕の内弁当というのもある。そのためか、TGVと新幹線はどう違うのかという疑問が専門家だけではなく、一般の方からも出されるようになってきた。TGVと新幹線の両者について述べた記事や論文もあるが、いずれも専門家向け、鉄道愛好者向けであり、鉄道の知識がないと分かりにくいものとなっている。一般の方々にも理解されやすいように両者の特徴を分かりやすく解説したものが欲しいとの声もあり、本書を刊行するに至った。

　　　　　　　　　　　　　　　　　　　　　佐藤芳彦

目 次

はじめに 5

日仏主要車両・世界の高速鉄道 16

1. プロローグ　19

1.1 パリ・リヨン駅からの旅立ち 19

1.2 東京駅からの旅立ち 26

2. TGVと新幹線の歩み　35

2.1 旅客輸送量と距離帯別シェア 35

2.2 開発コンセプトの比較 36

2.3 世界記録挑戦はいつもTGV 41

2.4 TGVが安くできたわけ 47

2.5 航空機と仲良しのTGV 61

3

鉄道システムの比較　67

3.1 鉄道をシステムとしてとらえる　67

3.2 鉄道の経営形態　68

3.3 技術規制　75

4

高速鉄道ネットワーク　83

4.1 新幹線ネットワークの発展　83

4.2 TGVネットワークの発展　90

5. 営業システム　　103

- 5.1 運賃比較　103
- 5.2 乗車券の日仏比較　104
- 5.3 常に混雑する駅窓口　107
- 5.4 インターネットによる切符販売　110

6. 列車運行システム　　111

- 6.1 ダイヤと列車種別　111
- 6.2 国境を越えるTGV　113
- 6.3 混雑時期への対応　118
- 6.4 列車運行管理　121
- 6.5 列車の整備　125

7

インフラストラクチャー　127

7.1　建設基準　127

7.2　軌道　130

7.3　騒音対策　133

7.4　電気システム　136

7.5　電車線とパンタグラフ　148

7.6　信号システム　156

7.7　インフラの保守　162

7.8　車両基地と車両保守　164

8

車両技術の概要　177

8.1　車両のシステム構成　177

8.2　車体　182

8.3　プロパルジョンシステム　202

8.4　台車と駆動装置　212

8.5　ブレーキシステム　225

TGVと新幹線車両比較(第1世代) 233

    9.1 日本——新幹線電車開発までの道のり 233

    9.2 フランス——TGV-SE開発までの道のり 238

    9.3 国鉄末期の新幹線電車 244

TGVと新幹線車両比較(第2世代) 253

    10.1 同期電動機から誘導電動機へ 253

    10.2 高速化、輸送力増強への試み 261

11

TGVと新幹線車両比較(第3世代) 267

　　11.1　ネットワーク拡大への対応　267
　　11.2　高速列車開発の集大成　286

12

世界市場でのTGV vs. 新幹線　291

13

文化の違いと高速鉄道　297

　　おわりに　301
　　参考文献　303
　　さくいん　306

新幹線の主要車両

N700系(東海道・山陽新幹線)
2007年〜　最高速度300km/h

800系(九州新幹線)
2004年〜　最高速度260km/h

E4系(東北・上越新幹線)
1997年〜　最高速度240km/h

E3系(秋田・山形新幹線)
1997年〜　最高速度275km/h

400系(山形新幹線)
1992年〜　最高速度240km/h

0系(東海道・山陽新幹線)
1964年〜　最高速度220km/h

TGVの主要車両

TGV-POS(東ヨーロッパ線)
2007年〜　最高速度320km/h

TGV-Duplex(南東線)
1996年〜　最高速度300km/h

TGV-TMST(ユーロスター)
1994年〜　最高速度300km/h

TGV-R(北ヨーロッパ線)
1993年〜　最高速度300km/h

TGV-A(大西洋線)
1989年〜　最高速度300km/h

TGV-SE(南東線)
1981年〜　最高速度300km/h

※路線名は主な使用線区

世界の高速鉄道

Acela(アメリカ)
2000年〜　最高速度240km/h

KTX(韓国)
2004年〜　最高速度300km/h

HSR(台湾)
2007年〜　最高速度300km/h

CRH(中国)
2007年〜　最高速度200km/h

写真提供／秋山芳弘氏、山田桑太郎氏

1 プロローグ

1.1 パリ・リヨン駅からの旅立ち

　花の都パリから食の中心リヨンまで200X年Y月Z日に行くことにした。切符は既に購入済みで、TGV0000号11号車61番が指定されている。発車予定時刻の30分前にタクシーで駅の車寄せに着く。

　パリのリヨン駅は、立派な時計台が特徴であり、19世紀のパリ・リヨン・地中海（PLM）鉄道時代に建設され、TGV南東線のターミナルとなっている。新幹線のように新しい駅舎やホームを建設するのではなく、古い駅を改修してTGVのターミナルとしている。また、線路の軌間（ゲージ）が在来線と同じであるため、TGVも在来線列車も同じホームと線路を共有している。

　駅は機能的で、時計台の下が有名なレストラン「ルトランブルー」で、さらに売店とカフェがあり、その奥に待合スペースとホームが配置されている。

発車直前まで気が抜けない

　駅は多くのヨーロッパの駅と同様に、駅前広場から直接ホームに入ることができる。上野駅地上ホームのように、くし型にホームが配置されて、それぞれのホームは行き止

写真1-1:パリ・リヨン駅

まりとなっている。これを「頭端式」という。ホームは5〜23番線とA〜N番線まであるが、空港のゲートと同じようにその日の列車の発着に合わせてホームを指定するので、発車直前にならないと、どの番線から目的の列車が出るのかが分からない。同じような列車が並んでいるので、目的の列車がどれかも見当がつかない。時刻表に発着ホームが記載されている新幹線とは勝手が違う。

発車の約10分前にホーム端の発車案内盤に出発ホームが表示される。アナウンスもあるがフランス語のみで聞き取りにくい。今日は2編成を併結して1列車にしているはずで、私の席は11号車だが、11号車が前の編成に付いているか、後ろの編成に付いているかは分からない。号車番号順に客車が連結されていないのはヨーロッパ各国共通である。長いホームを歩いて目的の車両へ移動する。最小限

1　プロローグ

写真1-2：パリ・リヨン駅のホーム（頭端式）

写真1-3：パリ・リヨン駅の発車案内盤

のアナウンス、発車ベルなしのため、神経を使う。同じTGVでも行先や停車駅が異なり、しかも1時間以上ノンストップなので、乗り間違えたら万事休すである。

写真1-4：TGV南東線モンシャナン駅付近

セルフサービスの改札機

　そうそう、セルフ方式の改札機、ヴァリデター（Valideteur）を忘れていた。改札口はないが、必ず車内で検札があり、切符を乗車前にヴァリデターに通さないで乗ると罰金を取られる。言い訳無用である。ヴァリデターを通さない切符は2ヵ月有効なので、車掌のチェックは厳しい。詳しくは5.2に述べる。

どこまでも続く田園地帯

　スーと音もなく発車し、しばらくは近郊列車と並走するが、パリから30kmも離れると田園地帯である。270km/hで走っているとの速度感もない。車窓は畑、森また畑、ところどころに村の教会が見え、トンネルも橋もない。単調な景色に飽きてうとうとしているうちに、市街地に入り、

在来線列車も見えるようになるとリヨン・パールデュー駅に到着である。パリから2時間の旅であった。パールデュー駅は市街地再開発に合わせて建設された高架駅であり、雰囲気は新幹線に似ている。

自然環境と農業保護

公共事業用地取得に関連する法律が整備され、しかも大土地所有制のため、建設に伴う用地買収は日本ほど大変ではないようである。パリの東を迂回する高速新線100kmの建設では人家移転は3軒であり、森林の復元と野生動物保護が問題となった。最初に開業した南東線は騒音でミルクの出が悪くなったことへの補償を求められた。しかし、ネットワークの拡大と列車運行本数の増加により、さすがに沿線の騒音対策が必要となった。これについては後に述べる。

車内を歩く

パリ寄りの先頭から3両が1等車、次に車両の半分がBarとなった2等車、そして2等車4両で1編成となっている。すべて指定席で自由席車はない。また、全席禁煙となっている。車内は新幹線よりも窮屈である。1等は2＋1列、2等は2＋2列であるが、車体幅が2.8mと新幹線よりも60cm狭く、座席間隔も詰まっている。座席も方向転換しない。さすがに8年後に開業した大西洋線車両では、車体幅を2.9mに広げている。

窮屈なスペースではあるが、荷物置場やサロン風客席と日本にはない設備も見受けられる。「Bar」とあるので、

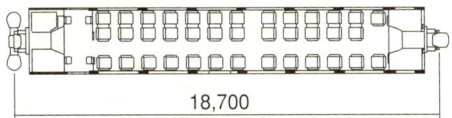
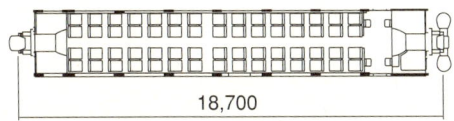

図1-1：TGVの座席配置（TGV-SE）

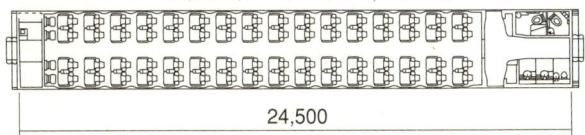
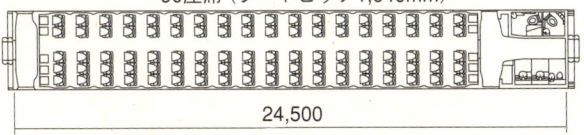

図1-2：新幹線の座席配置（N700系）。1両あたりの定員は
TGVより多いが、車両も大きく、シートピッチは広い

1　プロローグ

写真 1-5：TGV の 1 等車内

写真 1-6：TGV の 2 等車内

写真 1-7：TGV の Bar

お酒を飲むバーを想像して行くと、軽食を出す売店があり、片隅で飲食ができるスペースを設けている。Barのメニューは、朝食5.9ユーロ（約940円）、ハムサンドイッチ3.3ユーロ（約530円）、コーヒー2.3ユーロ（約370円）、ソフトドリンク2.6ユーロ（約420円）等となっている。

日本語の「バー」はお酒と直結しているイメージだが、ヨーロッパ語でBarはお酒も飲める軽食喫茶のイメージである。東海道本線電車特急「こだま」（1958〜1964年）の運行時に軽食喫茶の意味で採用された「ビュフェ」はフランス語buffetに由来しているが、原語はドレッサーの意味であり、和製外来語である。

ヨーロッパの長距離特急列車に欠かせなかった食堂車はTGVには連結されていないが、1等車は予約制のトレイによる供食サービスで代替し、2等車はBarで代替している。

1.2　東京駅からの旅立ち

東京駅からのぞみ000号で新大阪に旅立つ。丸の内北口から自動改札で入場し、在来線ホーム下の通路を新幹線乗り場に向かう。通路中央も両側も売店やレストランが並び、人でごった返している。

新幹線の駅はすべて通過式であり、高架または地下ホームが数本並び、それと交差する通路が立体的に配置され、通路からホームへは必ず階段を使うようになっている。東京駅も行き止まりとなっている線路を伸ばせるようにした通過式の構造を採用している。目的の車両へは長いホームを歩かなくても着ける利点はあるが、通路からホーム全体

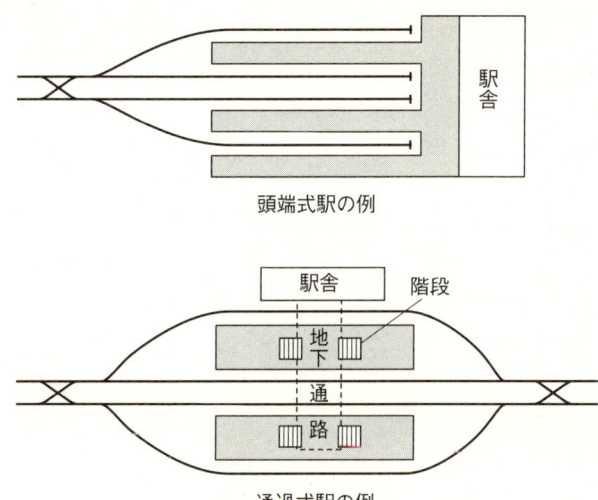

図1-3:頭端式駅と通過式駅

を見渡すことはできない。

　駅舎は、東京駅丸の内口は古いものをリニューアルして使っているが、ほかの駅はコンクリートのビルであり、歴史は感じられない。

ハイテク自動改札

　新幹線に乗るためには、もう一度改札を通る必要がある。新幹線にも自動改札が導入され、JR東海の東海道新幹線もJR東日本の東北・上越・長野新幹線も、ずらっと並ぶ自動改札機が出迎えてくれる。ビジネスライクであり、レジャーへの旅立ちには相応しくないように思えるが、時代の流れである。

写真1-8:東京駅丸の内口

　自動改札には切符の裏に磁性体を塗布してそこに乗車駅、目的地、日付、列車番号等の情報を記録した磁気コード券や、ICチップに情報を記憶させたICカード（Suica、TOICA、ICOCA）が使われ、入出場をチェックしている。まさにハイテクの象徴である。

騒音の渦の中、地下鉄並みに発着

　時刻表にも、発車案内表示盤にも、新幹線電車の発着番線は明示されており、変更はほとんどない。しかも、数分間隔で正確に発着している。ヨーロッパ人に対しては「地下鉄並みに発着しているので、いつ行っても乗れる」と説明するのが理解されやすい。16両編成はいつも混雑しており、到着した列車は15〜30分で折り返す早業である。旅客もよく訓練されていて、整然と乗車していく。けたた

1 プロローグ

写真1-9:東京駅新幹線改札口

ましいベルの音、アナウンスも、時刻表どおりに列車を運行する「定時運転」を後押ししている。

　定時運転はアニメと並ぶ日本の誇る文化のひとつともいえよう。列車運行の正確さを測る物差しとして、1年間の全列車の遅れ時間を集計して、1列車あたりの平均遅延時間を計算している（図1-4）。台風や地震といった災害による遅れも、当然のことながらカウントされている。新幹線の平均遅れ時間が1分未満というと外国人は目を丸くする。時刻表表示の±10分が定時運転というのがヨーロッパの常識である。

　歴史的にみれば、日本は土地が狭く設備の増強もままならない中で、少ない設備をいかに有効に使って、いかに列車本数を増やすかということに腐心して、列車を時刻表どおりに運行する工夫が、大正、昭和の時代から積み重ねら

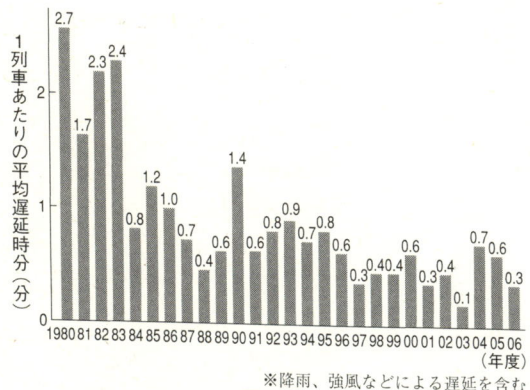

図1-4：東海道新幹線の1列車あたりの平均遅延時分の
推移（JR東海環境報告書2007　p.20）

れてきた。かつては人件費が比較的安く、列車運行のために多くの人手をかけられたことも、その背景としてあった。人件費が高くなった現在でも、定時運転のノウハウは磨きがかけられている。一方、ヨーロッパは人口が比較的少なく、人件費も高いので、人手をかけられないという事情から、駅や線路設備に余裕を持たせて、列車が遅れても設備で吸収するシステムを作り上げてきた。

途切れない市街地

　車窓は家が連続、どこが市街か郊外か分からない。城壁のある都市と異なり、日本はどこまでも市街地や工場が広がっている。さすがに神奈川県の平塚付近に入ると田園風景も展開するが、すぐに市街地に入る。
　東京、静岡や名古屋などは既成の市街地を通過する形で

BLUE BACKS

科学をあなたのポケットに

講談社

講談社+BOOK倶楽部

- 下記URLで、講談社ブルーバックスの新刊、
  既刊、話題の本などをご覧いただけます。

  http://shop.kodansha.jp/bc/

- 編集部からもタイムリーに情報発信中。メー
  ルマガジン「ブルーバックス・メール」
  下記URLでお申し込み受付中。

  http://www.mm.kodansha.net/

  http://shop.kodansha.jp/bc/
  books/bluebacks/

パンフレット

分類マークについて

ピンクの表紙が今月のテーマです。
母乳育児それぞれのジャンルに使用します。

- 新刊案内
- 妊――妊娠中
- 産――お産
- 準――準備
- 育――育児
- 星――ママ・男性・妊産婦
- ミルク――薬・環境・添加物
- エコロジー
- イベント――その他

1 プロローグ

写真1-10：東京・大崎付近の東海道新幹線

新幹線が建設されたが、新横浜や岐阜羽島は田園の中に駅を建設したものの、その後周辺が発展して市街地を形成している。東北・上越新幹線でも新幹線沿いに市街地が形成される傾向にある。人口密度が高いことと、新幹線建設に合わせて道路等が整備されたことも、このような市街地形成に影響したと思われる。

このような風景の繰り返しで東京から新大阪に到着する。

変化の激しい車窓

市街地のほかに、鉄道唱歌の一節を想い起こさせるように、トンネルと橋が次々に現れる。特に山陽新幹線の岡山

写真1-11:東海道新幹線富士川鉄橋

以西や、東北新幹線宇都宮以北、上越新幹線高崎 - 長岡間、長野新幹線、九州新幹線はトンネルの割合が高い。80％が山に覆われている国土に新幹線を建設せざるを得なかったことの現れである。関東平野に建設された東北新幹線大宮 - 宇都宮間、上越新幹線大宮 - 高崎間はトンネルがなく、例外的存在である。

このように変化の大きい車窓が新幹線の特徴ともいえよう。

車内を歩く

新大阪寄りから普通車自由席3両、普通車指定席4両、グリーン車3両、普通車指定席6両の順番に連結されている。新大阪寄りから1、2、3号車となっており、3、10、15および16号車が喫煙車でほかは禁煙車である。一部の新型車両(N700系)は全車禁煙になり、喫煙スペースが設けられている。

1 プロローグ

　食堂車を連結した豪華編成も1990年代半ばまではあったが、JR発足後、増加する需要に対して、グリーン車を中心に座席増加の必要に迫られた。また、速度向上によって旅行時間が短縮されると、乗客の車内での飲食スタイルが変わり、食堂車の採算が悪化していった。これらの結果から、食堂車やビュフェは次々に姿を消した。東京－新大阪間2時間30分とした「のぞみ」300系は、最初から食堂車の代わりに、車内販売基地のみを設けた編成で登場した。

　いまやすべての列車が車内販売基地のみで、食堂車は連結されていない。機能一点張りの座席車のみの編成となっている。一方、座席は改良され、東海道新幹線開業当初はリクライニングしない転換式シートであったが、新幹線の延伸に合わせて、長時間の旅行でも疲れないように、普通車の座席間隔は広くなり、回転式リクライニングシートが常識となった。

　さて、車内販売が回ってきたので、幕の内弁当1,300円とお茶120円を買う。コーヒーは300円で、全体的にはTGV車内で買う値段と大差ない。時間があれば、駅の売店でバラエティに富んだ駅弁を買うこともできる。

　駅弁は日本独特の文化であり、需要の増加に伴って競争が激しくなり、駅構内だけではな

写真1－12：駅売店の駅弁

く、デパ地下などでも売られている。駅弁も多様化し、地方色豊かになり、懐具合、嗜好に応じてさまざまなものが選べるようになっている。お茶は120円から、駅弁は800～2,000円となっている。TGVの駅売店ではサンドイッチ3～4ユーロ（約480～640円）、ソフトドリンク2ユーロ（約320円）と駅弁ほどのバラエティはない。

2 TGVと新幹線の歩み

2.1 旅客輸送量と距離帯別シェア

新幹線は開業以来、図2-1に示すように旅客数が増加し、プロジェクトとして成功を収めた。これが全国新幹線計画へとつながった。一方、TGVも航空機、自動車との競争に勝ち、図2-2に示すように2005年の長距離旅客輸送における距離帯別のシェアをみれば、200～600kmの範囲で鉄道が優位に立っていることが読み取れよう。

フランスと日本の高速鉄道の線別旅客数を図2-3に示す。LGV（Ligne à Grande Vitesse）とはフランスの高速

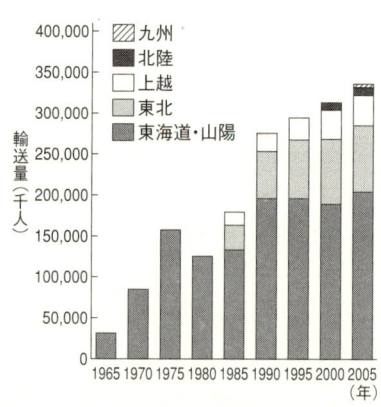

図2-1：新幹線旅客輸送量の推移（数字でみる鉄道 2007、1998、1991年版）

(1) 宿泊を伴う旅行

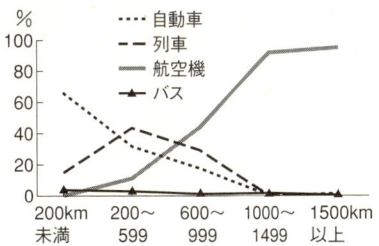

(2) 日帰り旅行

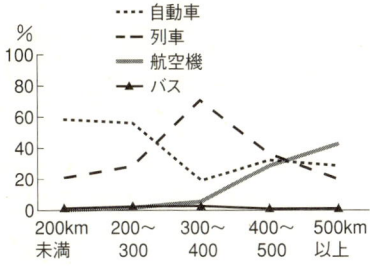

図2-2：フランス旅客輸送機関別距離帯別シェア（INSEEビジネス旅行2005年）

新線のことで、TGV（Train à Grande Vitesse）は列車の名前である。東海道、山陽および東北新幹線の旅客数はいずれもフランスの高速鉄道を上回る。元の統計データが古いため、長野新幹線や九州新幹線は含まれていないが、日仏の比較データとして貴重である。この輸送量の差を念頭において以下にコンセプトについて述べる。

2.2 開発コンセプトの比較

TGVも新幹線もうわべだけの比較よりも、どのような考え方（コンセプト）で開発されたのかを知ることが重要である。同じような形であっても、そこに至る経路はコン

2　TGVと新幹線の歩み

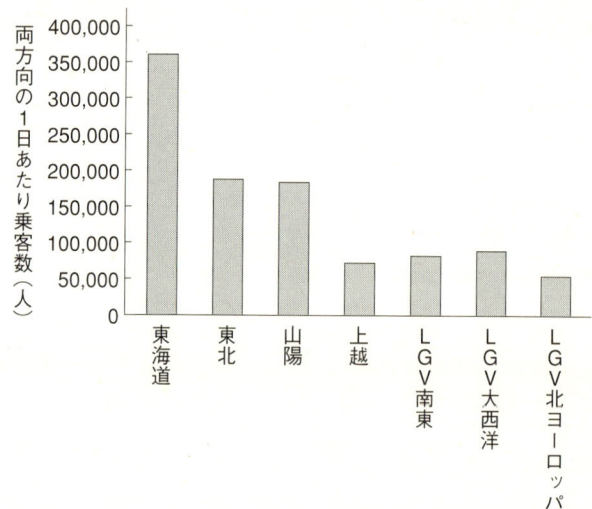

図2-3：日本とフランス　高速鉄道の線別旅客数（主要長距離鉄道およびパリ空港における長期整備について、アラン・サンヴァン、NOTES DE SYNTHESE DU SES、2001年10/11月号）

セプトによって異なっている。

TGV vs. 新幹線

　日仏の高速鉄道は、沿線人口や産業集積の状態も異なっているので、表2-1に示すように、異なるコンセプトで開発された。

　フランスをはじめヨーロッパの鉄道は、標準軌（レールの幅が1,435mm）で建設され、1960年頃から160km/h運転の実績もあり、軌道も高速走行用に整備されていた。し

項目	TGV (LGV)	新幹線
地理的背景	広い国土に少ない人口 人口密度106人/km² 平野部面積約60％ 大都市はパリ（1,000万人）、リヨン（150万人）等少数	狭い国土に多い人口 人口密度337人/km² 平野部面積約20％ 大都市が連続
平均駅間距離	213km（南東線）	33km（東海道）
輸送の性格	少量、高速、停車駅少 パリ〜リヨン、パリ〜ジュネーブ等直行型	大量、高速、停車駅多 東京〜名古屋〜京都〜新大阪等の拠点接続型
輸送人員	10万人/日	50万人/日
列車本数	290本/日（両方向）	400本/日（両方向）
軌間と車体幅	1,435mm、車体幅2.8m 在来線と共通	1,435mm、車体幅3.4m 在来線と異なる
構造物	最急こう配35‰を許容し、地形の制約を緩和して、橋梁、トンネルを少なくした	最急こう配12‰、地形の制約から橋梁、トンネル多い
ターミナル駅	既存のターミナルを改良して使用（パリ、リヨン等）	既存のターミナルと独立して駅設備を新設（東京、新大阪等）
開業	1981年	1964年
建設費	1,600億円（4億円/km）	3,800億円（7.4億円/km）

表2-1：TGV（南東線）と新幹線（東海道）開発コンセプト比較

たがって、速度向上や列車本数増加の上で隘路となる区間にバイパスとしての高速新線（LGV）を建設し、在来線と有機的に接続して、高速列車を運行することが考えられた。このため、高速新線と在来線を直通して運行される高速列車TGVが開発された。したがって、TGVも在来線と共通の規格が採用された。

2 TGVと新幹線の歩み

　一方、日本の幹線鉄道は狭軌（線路の幅が1,067mm）で建設され、新幹線開発以前の在来線最高速度は110km/hであった。東京-大阪間の抜本的な速度向上や輸送力強化のために、在来線とは全く異なる規格の標準軌の新線を「新幹線」として建設した。したがって、新幹線と在来線とは独立している。この結果、日本の高速列車は新幹線専用となり、インフラストラクチャー（鉄道施設）の名称である「新幹線」が高速列車の代名詞ともなった。

　輸送形態からみれば、新幹線は東海道ベルト地帯の都市をひとつの線で連続的に結ぶ「回廊型」の大量高速輸送機関として開発された。東海道新幹線の成功を見届けたフランスは、自国の地理的社会的状況に合わせて、パリとリヨンを結ぶ高速新線LGVを1本の幹として、それから各都市に在来線を経由して枝状に分岐してつなげる「ツリー型」高速輸送機関としてTGVを開発したと言えよう（図2-4）。

　建設費が、新幹線の1km当たり7.4億円に対し、LGV南東線が4億円と約半分なのは、構造物が少ないことと、ターミナル駅建設費が不要だったことが理由である。しかし、LGVも路線網を延伸するとともに、トンネルや橋梁を作る必要が出てきた。さらに大都市部を中心に環境対策にも力を入れなければならなくなってきた。その結果、建設費も高騰しているが、日本ほどには高くなっていない。最新の東ヨーロッパ線の線形は南東線に似ており、トンネルや橋梁がほとんどないことから、1km当たり17億円である。上越新幹線はトンネルが多く、融雪設備も設けたことから1km当たり60.5億円であった。

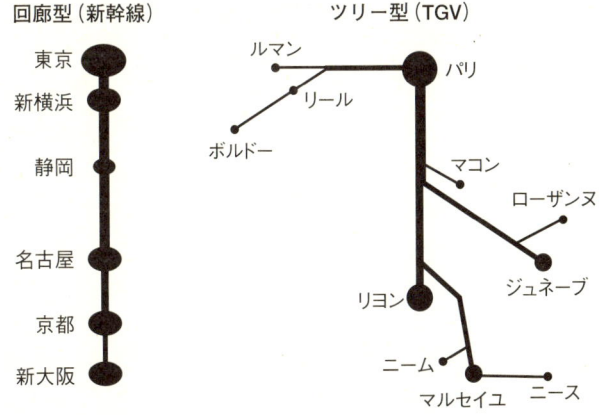

図2-4：回廊型とツリー型輸送体系

　用地取得については、日本とフランスで大きな違いがある。土地所有権が細かく分割され、私権が過度に尊重されている日本では、土地収用が最大の課題である。土地収用委員会の採決による強制収用という手段があるが、これはあくまで最終手段であって、それまではプロジェクト事業者と地権者および借地人との粘り強い交渉が必要となっている。フランスの場合は都市部を除いては大地主が土地を所有している。また、地方政府はプロジェクトごとに内容を審査し、公聴会等で地権者や利害関係者からのヒアリングを行い、そのプロジェクトが公共事業であると認定し、公共事業宣言を発すれば、仮に地権者が反対していても工事を進めることができる。買収価格も公共事業宣言時点で凍結される。このようにして、大規模公共事業が進められるので、用地取得費は低く抑えられる。

2.3 世界記録挑戦はいつもTGV

鉄道の世界でも速度記録は重みを持っている。世界記録はその国の鉄道の技術水準を世界にアッピールする絶好の武器である。新幹線のなかった時期の日本国鉄は、いくらC62形蒸気機関車で120km/hを出しても「狭軌での世界記録」というただし書きがつくので、ワールドカップに出られないサッカーチームのような存在であった。新幹線がすべてを変え、日本が世界のひのき舞台に出られるようになった。

スピードレースクラブ

最高速度記録はフランスのBB9004号電気機関車の出した331km/hが長らく不動のものであった。もっとも、331km/h走行後に線路が破壊されて曲がりくねったので営業運転としては実現しなかった。

営業列車に近い構造の列車では1963年に国鉄が新幹線の試作電車により256km/hを達成した。フランスは1972年にガスタービン動車TGV-001号で318km/hの速度記録を樹立し、新幹線の記録を塗り替え、営業車両での250km/h以上の運転に自信を示した。これに日本が挑み、1979年に東北新幹線の未開業区間で試験車961形を使用して319km/hを記録し、TGV-001号の記録をわずかに上回った。

フランスは1981年の南東線の未開業区間において、電気動力としたTGV-PSE（Paris Sud-Est／パリ南東線の略であるが、後にSE、南東線に改称した）で営業用車両に

写真2-1：1990年に515km/hの記録を出したTGV-A

よる速度記録380km/hを達成し、日本を大きく引き離した。ドイツはフランスの記録を破るため、ICE（Inter City Experimental）試作車で400km/hの壁に挑み、1988年に406.9km/hを達成した。しかし、フランスはTGV-Aにより1990年5月に515.3km/h、TGV-POSの高速試験仕様車V150（秒速150mの意）により2007年4月3日に574.8km/hを達成した。これらは日本が開発を進めている磁気浮上式鉄道の記録517km/h（1979年）と581km/h（2003年）を多分に意識したものであった。

速度向上の歩みを表2-2に示す。ここから分かるように第二次大戦後のスピードレースクラブのメンバーは日本、フランスおよびドイツに限られていた。

韓国も中国も国産技術での高速化を狙って技術開発を進めているので、今後は韓国や中国がスピードレースクラブ

2 TGVと新幹線の歩み

年月日	鉄道名	車両形式	速度記録 km/h
1955年 3月21日	フランス国鉄	BB9004号	331
1972年12月 8日	フランス国鉄	TGV-001号	318
1979年12月 7日	日本国有鉄道	961形	319
1981年 2月26日	フランス国鉄	TGV-PSE	380
1988年 5月 1日	ドイツ連邦鉄道	ICE試作車	406.9
1989年 9月 8日	JR東日本	200系	276
1990年 2月12日	JR西日本	100N系	277.2
1990年 5月17日	フランス国鉄	TGV-A	515.3
1991年 2月28日	JR東海	300系	325.7
1991年 9月19日	JR東日本	400系	345
1992年 8月 8日	JR西日本	WIN350	350.4
1993年12月21日	JR東日本	STAR21	425
1996年 7月26日	JR東海	300X	443
2007年 4月 3日	フランス国鉄	TGV-POS(V150)	574.8

（注1）ここでは磁気浮上式鉄道は除いた。
（注2）ドイツ連邦鉄道は、1994年に旧ドイツ国有鉄道と統合し、ドイツ鉄道となった。

表2-2：列車の速度向上の歩み

に参入するかもしれない。

F1カーとカスタムカーの違い

　フランスもドイツも、電車ではなく機関車（動力車）と客車で構成した「動力集中式」（8.1参照）の高速列車で、速度記録を樹立したことに注意してほしい。TGVもICEも機関車2両の間に客車を連結して営業運転しているが、速度記録に挑むときは、中間の客車を営業用の8または10

両から3両に減らしている。動力集中式では動力機器を機関車に集中しているので、中間車両を減らすことで、編成の単位質量当たりの出力を増加させることができる。また、V150のケースでは中間車にも電動機付台車を追加してパワーアップを図り、さらに電車線（架線）電圧を通常の25,000Vから31,000Vに上げて、編成全体をパワーアップしている。

　一方、電車方式（動力分散式）では動力を各車両あるいは編成中の電動車に分散しているため、客車（付随車）の両数によって単位質量当たりの出力を増加させることが簡単にはできないので、記録達成にはハンディキャップがある。F1カーとカスタムカーとの違いといってもよい。日本における純粋の試験車といってもよいのがWIN350、STAR21、300XおよびFASTECH360であるが、いずれも電車方式の制約の中で速度記録に挑んでいる。試験車のパワーウェイトレシオ（1tあたり出力）を表2-3に示す。

車両	編成出力 kW	編成質量 t	パワーウェイトレシオ kW/t
WIN350	7,200	252	28.6
STAR 21	7,960	230	34.6
300X	9,720	210	46.3
FASTECH 360S（954形）	8,600	368*	23.4
FASTECH 360Z（955形）	不明	不明	不明
TGV-POS	19,600	268	73.1

*推定値

表2-3：試験車のパワーウェイトレシオ比較

2 TGVと新幹線の歩み

年月	TGV	新幹線
1964年10月		東海道新幹線開業 210km/h
1981年10月	南東線開業 260km/h	
1982年*	南東線速度向上 270km/h	
1986年11月		東海道・山陽新幹線 220km/h
1988年 3月		東北・上越新幹線 240km/h
1989年 3月		山陽新幹線 230km/h
1989年10月	大西洋線 300km/h	
1990年 3月		上越新幹線 275km/h
1992年 3月		東海道・山陽新幹線 270km/h
1997年 3月		東北新幹線 275km/h
1997年10月		長野新幹線 260km/h
1997年11月		山陽新幹線 300km/h
2004年 3月		九州新幹線 260km/h
2007年 6月	東ヨーロッパ線 320km/h	
2010年 ?		東北新幹線 320km/h（計画）

*正確な時期不明、1982年頃と推定される。

表2-4：営業運転速度の変遷

営業速度の変遷

　TGVは最初260km/hでスタートしたが、まもなく270km/hとした。大西洋線から世界初の300km/hによる営業運転を開始した。2007年6月開業の東ヨーロッパ線では320km/hに引き上げている。

　新幹線は、東海道新幹線開業時に210km/hを実現したが、沿線の騒音対策に重点を置き、国鉄の労使関係も悪化していたため、スピードアップには消極的であった。国鉄

写真2-2：JR西日本500系（東京駅付近）

末期の1986年にやっと10kmアップの220km/hとするに留まった。JR発足後は各社ともスピードアップに取り組み、既存の100系や200系電車を改造して、山陽新幹線は230km/hを1989年に、東北・上越新幹線は240km/hを1988年に、上越新幹線は275km/hを1990年に実現している。それ以降は新型車の開発によって、山陽300km/h、東北・上越275km/h、東海道270km/hまで速度を引き上げている。JR東日本の試作車FASTECH360は東北新幹線での最高運転速度360km/hを目指していたが、営業列車は320km/hになる見込みである。

　最高運転速度ではフランスに一歩リードされているが、日本は実用速度世界一を目指している。TGVはパリ－リヨン間410kmをノンストップ2時間で走るので、駅間平均速度は205km/hである。TGV地中海線リヨン－エクサン

プロヴァンス間でも263.3km/hである。一方、JR西日本の500系は最高速度300km/hでTGVと同水準であるが、電車方式の利点である加減速性能のよさを活かして駅間平均速度は284.7km/h（広島 - 小倉間）に達している。

2.4 TGVが安くできたわけ

某チェーン店のコピー「安いのにはわけがある」は高速鉄道にも当てはまる。新幹線に比べるとTGVの建設費の安さが際立っている。そのわけは、お金のかかるトンネルや橋梁を極力少なくして、大都市の既存のターミナルを活用したことにある。

ジェットコースターのような運転

パリ - リヨン間を結ぶ旧PLM鉄道の建設した路線は、最急こう配を8‰（1000mで高低差8mとなる傾斜）としており、丘を避ける迂回ルートには急曲線が多くある。しかし、高速新線建設に当たっては、最小曲線半径を8,000mと緩やかにする代わりに、最急こう配を35‰とした。図2 - 5に示すとおり、PLM線はこう配が緩やかだが、LGV線は、起伏の激しいことが分かるだろう。

なぜこのような方針変更が可能になったのであろうか。鍵は機関車の性能にある。蒸気機関車は大きなパワーを出せないので、曲線よりもこう配が苦手であった。一方、TGVや新幹線のような電気動力ではパワーを出すことは容易であるが、高速で走るには急曲線が障害となる。これが方針変更の要因である。

東ヨーロッパ線用TGV-POSは出力を上げて最急こう配

を40‰まで許容している。これにより、地形に沿ってトンネルと橋梁がない線路を敷設することができた。この結果、列車はこう配の頂上で190km/h程度、底の部分で270km/h（開業時は260km/hであったが、走行抵抗が見込みよりも低かったので、10km/hアップとした）となるジェットコースターのような運転となっている（図2-6）。

日本でもハイパワーの電車の時代になってから線路の作り方が変わってきた。新幹線は急峻な山や川を越えなけれ

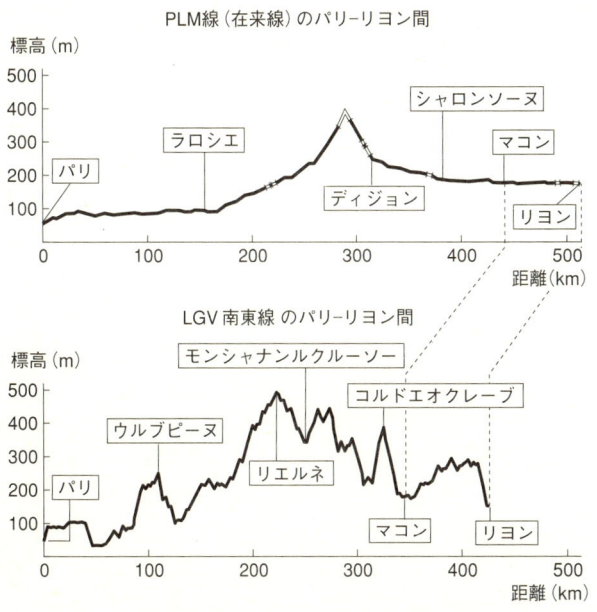

図2-5：PLM線とLGV南東線の鉄道線路縦断面比較
（http//www.trainweb.org/tgvpages/）

2 TGVと新幹線の歩み

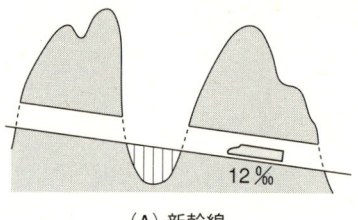

(A) 新幹線

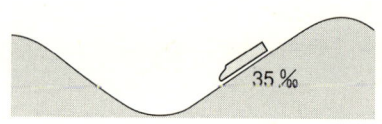

(B) LGV

図2-6：線路縦断面比較

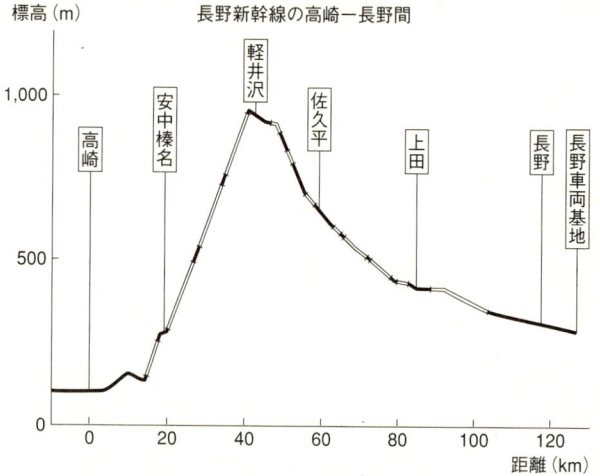

図2-7：長野新幹線線路縦断面図

写真2-3：急こう配を登るTGV。南東線モンシャナン付近

ばならず、計画当初は貨物列車（電車）の運転も考慮していたので、最急こう配を12‰とした。このため、トンネル、橋梁および高架橋の連続となっている。しかし、長野新幹線[1]では30‰が、九州新幹線では35‰が採用されている（図2-7）。これでも、トンネルや橋梁を避けることができない。

　長野新幹線とTGVの大きな違いはこう配の距離である。長さ30kmもの急こう配がある長野新幹線では、こう配を上るよりも下るほうが難しい。上るのは力ずくで解決できるが、下る場合は速度をどのようにコントロールするかが課題となる。下りこう配区間でブレーキをかけて停車することも考えなければならない。普通は電気ブレーキを使うが、電気ブレーキが故障することも想定して、ディスクブレーキのような機械ブレーキのみで停車できるように

2 TGVと新幹線の歩み

最高速度を決めなければならない。ディスクブレーキも急こう配用には熱容量を大きくする必要がある。詳しくは8.5に述べる。TGVはこう配の距離が短いので、ジェットコースターのように運転しても、停止のためのブレーキエネルギーは小さくて済む。

豪雨と地震のないありがたさ

　日本は年中行事のように地震と集中豪雨といった災害に見舞われる。東海道新幹線はほとんど盛土の上に線路を敷設している。しかし、新幹線の営業運転を通して、災害対策のノウハウが蓄積されてきた。その結果、山陽新幹線からは盛土の代わりに高架橋が採用され、地震のたびに高架橋の設計基準も見直され、頑丈な構造物が新幹線のシンボルともなっている（図2-8）。積雪に対しても、温水散布による融雪装置やスノーシェルターが採用され、万全の備えとなっている（図2-9）。

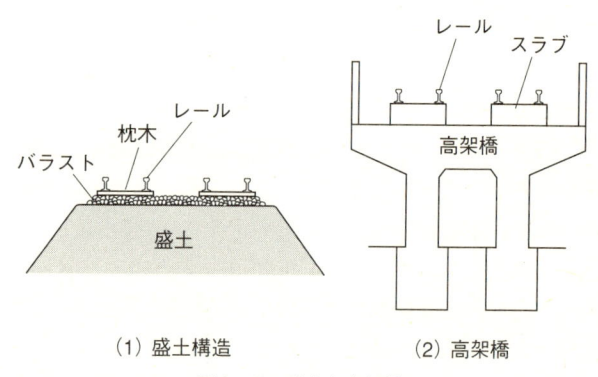

図2-8：盛土と高架橋

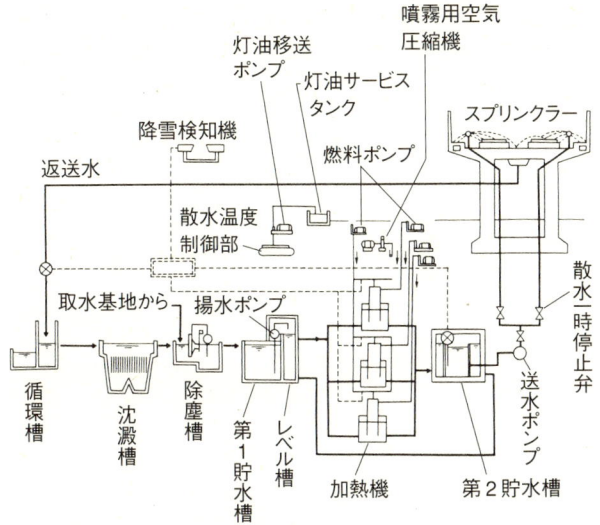

図2-9：上越新幹線の加熱循環式消雪設備系統図。線路に温水をスプリンクラーで散布して雪を融かす。散布された水は融雪水とともに返送水として回収される。土砂やゴミを取り除いた後、加熱機で加熱され、また線路に散布される

　一方、フランスの年間降水量は日本の1,700mmに対し750mmと半分以下であり、地震もないので、盛土と切り通しで線路がつくられている。また、駅、橋梁や高架橋はスリムな構造物となっている。

ターミナル駅は既存の駅を改良

　TGVは在来線と軌間が同じメリットを活かし、パリのリヨン駅、モンパルナス駅、北駅、東駅やリヨンのペラー

2 TGVと新幹線の歩み

高架橋がスリム

写真2-4：TGV高架橋リヨン近郊。新幹線の高架橋に比べるとスリム

写真2-5：パリ北駅

写真2-6：TGVと在来線電車のすれ違い（パリ近郊）

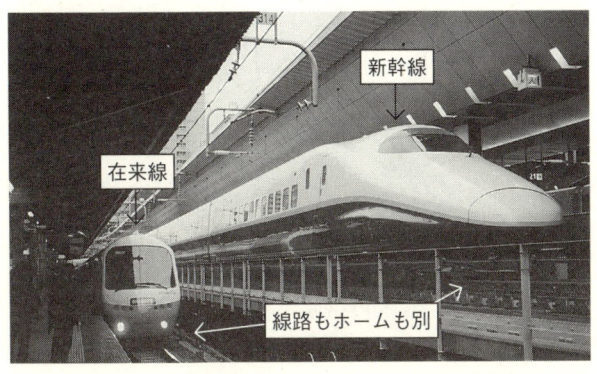

写真2-7：東京駅新幹線ホーム。左は在来線特急

2 TGVと新幹線の歩み

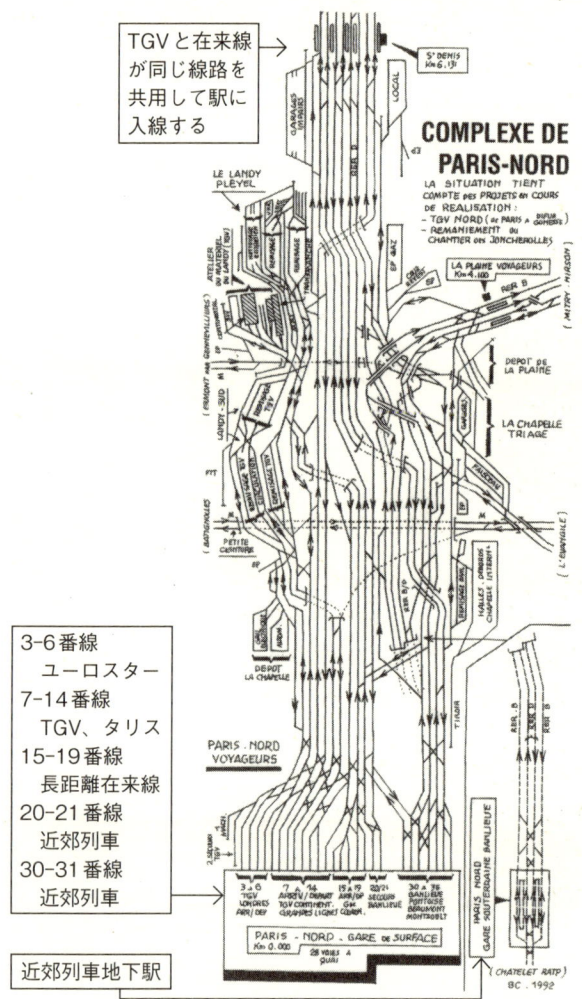

図2-10：パリ北駅線路配線図（Nouvelle Géographie Ferroviaire de la France, Gérard Blies, La Vie du Rail, 1993）

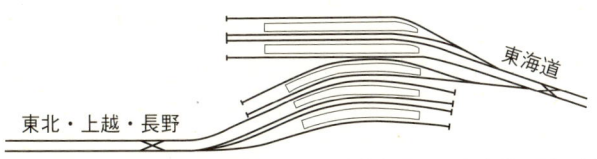

図2-11:東京駅の線路配線略図。新幹線専用で、在来線は別の線路、ホームを使用する

シュ駅等のターミナルでは既存の駅を改良してTGVを発着させている(図2-10)。このため、TGVのターミナルはいずれも歴史を感じさせる。したがって、パリやリヨン近郊ではTGVと在来線の列車がすれ違うこともざらにある(写真2-6)。車両基地も同様に既存のものをTGV用に転用して、全体の建設コスト低減に寄与している。

一方、新幹線は軌間(線路の幅)や車両限界(車両の大きさ)といった規格が在来線とは全く異なるので、ターミナル駅をすべて新設している(図2-11)。ただし、後述のミニ新幹線は、車両の大きさが在来線と同じであり、輸送量も少ないので、既存駅の線路の幅を変えただけでターミナルとしている。

車両は小型

TGVは在来線への乗り入れを前提に、輸送力よりも高速性能を追求したので、空気抵抗を小さくすることが課題であり、先頭形状も空力特性から決まった。客車も床下から屋根までを滑らかな表面となるようデザインされ、従来の車両よりも幅、高さとも一回り小さくしている。連節構造(8.1参照)を採用したため、車体長も既存の25mよりも短い18.7mとなった。しかしながら、窮屈さを感じさせ

2 TGVと新幹線の歩み

ない車内デザインと座席構造はフランスの小型自動車のパッケージデザインと通じるものがある。

新幹線は、在来線とは全く独立したシステムとして計画された。軌間も車両限界も自由に選ぶことができた。ただ、第二次大戦前に計画され、新丹那トンネル等の工事が一部着工されていた弾丸列車の規格をある程度踏襲せざるを得なかった。軌間は線路幅1.435mの標準軌が選ばれ、車両限界として車体幅3.4m、高さ4.5mが選ばれた。在来線車両よりも幅で40cm、高さで50cm大きくなった。このため、3＋2列座席と在来線車両よりも座席を1列増や

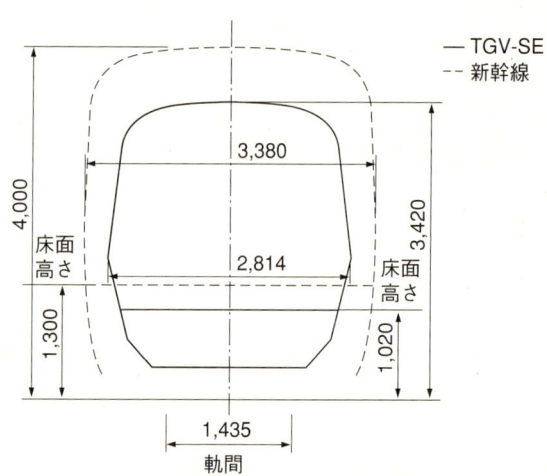

TGV-SEと新幹線電車との車体断面比較
※TGVの出入台の床面高さは1,200mm

図2-12：TGVは新幹線より一回り小さい

すことができた。車体長も在来線の20mに対して25mと長くなり、一両あたりの座席数は在来線より50％増となった。この結果、大きな追加投資を伴わずに旅客の増加に対応できた。その反面、ネットワーク拡大には新線建設または在来線の狭軌を標準軌に改築する必要があり、割高となっている。

お客様第一の新幹線

東海道新幹線開業前に、どのような座席構造が最適かとの観点から、3＋3列のボックスシート、転換式シート、回転式リクライニングシートが検討された。結局、グリーン車（当時の1等車）は座席中心間隔（シートピッチ）1,160mm、2＋2列の回転式リクライニングシート、普通車（当時の2等車）はシートピッチ940mm、3＋2列の転換シートとなった。

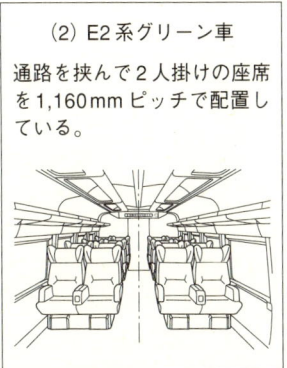

図2-13：新幹線E2系の座席

山陽新幹線、東北・上越新幹線が建設されるようになると、普通車座席への不満が高まってきた。東北・上越新幹線用200系では普通車にリクライニングシートが導入されたが、3列座席は回転できないこと、座席前後の寸法が窮屈であることから、高い評価は得られなかった。1986年に登場した100系で初めて回転式リクライニングシートが普通車にも全面的に採用され、シートピッチの拡大とあいまって、サービス改善となった。最近の新幹線普通車のシートピッチは980mm〜1,040mmが主流である。

回転式リクライニングシートは米国から輸入されたものである。第二次大戦後に進駐軍が持ち込み、ソファタイプの向かい合わせシートの2等車に対し、回転式リクライニングシートを装備した車両を特別2等車としたのが始まりである。このときから、椅子文化もヨーロッパ流から米国流に変化した。また、見知らぬ旅客同士の交流を避ける傾向も回転式シートの普及に拍車をかけた。このようにしてほとんどすべての新幹線電車が回転式リクライニングシートを装備するようになった。一方向固定座席を維持しているヨーロッパの各鉄道との対比をなしている。

新幹線にメジャーを持って乗り込んできたSNCF

東海道新幹線視察のため、開業直後に来日したフランス国鉄（SNCF）の調査団は、メジャーで座席寸法等を測り、TGVの座席配置の参考にしたといわれている。

新幹線電車は、上述のように、大きな車体寸法を活かして、在来線特急電車よりもゆとりを持たせた空間としているが、TGVは在来線車両よりもどこまで切り詰めること

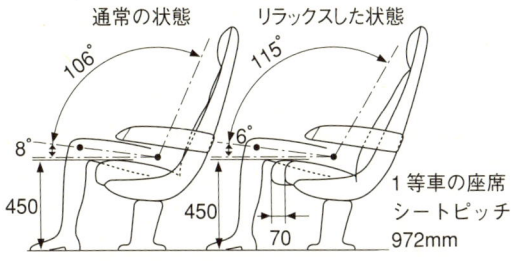

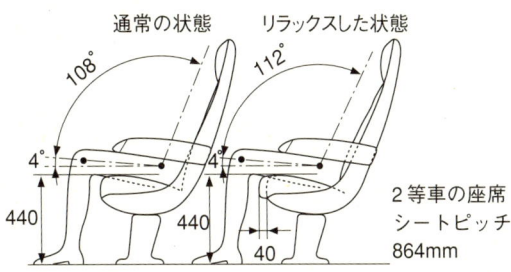

図2-14：TGV-SEの座席。1等、2等ともにリクライニング角度は大きくなく、フトン部分を少し前に出すことで、リラックスした状態のポジショニングを作っている。いずれも背摺りとフトンは固定された座席枠内のみの移動であり、背摺りが倒れて後ろの乗客の空間を支障しない

ができるかを志向した。1等車は2＋1列の固定シートであり、シートピッチ972mm、2等車は2＋2列の固定座席、シートピッチ864mmである。座席は中央にボックスシートを置き、残り座席の半分ずつがそれぞれ客室中央を向く「集団見合い型配置」となっている。このようにして、座席幅、前後方向の寸法を最小限まで切り詰めて、一編成当たりの座席数を増やし、動力車の床上を客室スペースとして使えない動力集中式の欠点をカバーしている。動力集中式については8.1に詳しく述べる。

TGVの名誉のために付け加えると、座席そのものの設計は優れている。ひざと前の座席後部との間隔を広く取っており、それほど狭さを感じさせない。TGVの1等車の座席は、少し形を変えているが、成田エクスプレスの普通車にも採用されている。

2.5　航空機と仲良しのTGV

鉄道の長距離旅客は航空機の発達により減少傾向にあり、運賃割引やスピード競争を強いられている。そのため、鉄道と航空機との提携は限定的だが、一部の地域にみられる。たとえば、オランダは国土が狭いことからスキポール空港と鉄道を直結させ、国内輸送のハブとして活用し、スイスも同様の発想から、ジュネーブとチューリッヒ空港に鉄道を引いている。ドイツはフランクフルト、ボン－ケルン間で航空機の代わりにチャーター列車を運行していた。

フランスにおいては、空港への鉄道建設は消極的であった。パリ市内とシャルル・ド・ゴール（CDG）空港にパ

写真2-8：TGVのCDG空港駅

リ市内と結ぶ高速地下鉄が乗り入れたが、例外的存在であり、当初、ターミナルビルと地下鉄駅とはシャトルバスでの連絡であった。空港旅客用というよりは空港従業員用といったほうがよいかもしれない。

しかし、航空業界の再編成とTGVの登場は、航空機と鉄道との関係を一変させた。すなわち、パリ‐リヨン間、パリ‐ジュネーブ間といった400〜600km圏はTGVが優位に立った。国内線専門のエールアンテル航空は赤字のため、国際線主体だったエールフランス航空（AF）に吸収された。AF自身も国際路線での激しい競争に曝されており、収益性改善のために国内路線および近距離国際線の再編成が課題となった。

空港にTGV駅建設の大胆な発想

フランス政府はCO_2削減の観点から航空旅客と長中距離

自動車交通の抑制を狙っていた。SNCFはTGVのパリおよびリヨンの迂回ルート建設を計画しており、単なるバイパスでは全体の需要増加につながらないので、パリの迂回線ではシャルル・ド・ゴール空港とユーロ・ディズニーランドに駅を設けることは魅力的であった。リヨンもサトラス空港(現在のサンテグジュペリ空港)にTGV駅を設ければ、南仏やイタリア方面への航空路線との連絡ルートの一部となる。SNCFとAFが国営企業であることも政府の意思決定に有利に働いた。このようにして、三者の利害が一致した結果、パリ-シャルル・ド・ゴール空港とリヨン-サトラス空港にTGVの駅がつくられることになった。駅の建設費用は空港公団も負担している。これによりTGVと航空機との結合がなされた。もちろん、空港と市街地を結ぶ高速道路も整備されている。

　目立たないが、TGVを始めSNCFの乗車券は、1990年から航空券と同じ規格のものに切り換えられている。座席予約システムも航空業界で使用されているものをベースとしたものに1990年代に変更されている。目的は、曜日による需要に応じて、閑散期は安い運賃、混雑期は高い運賃を設定して、全体としての収入増加を狙ったものであった。このように、SNCFは乗車券や予約システムで航空機との共通性を持たせようとした節がある。しかし、航空機と鉄道との決定的な違いは、ひとつのルートを走行する列車は停車回数が多く、途中で旅客の入れ替わる規模が大きいことである。このため、導入当初はシステム上の混乱を招いたが、現在は落ち着いている。

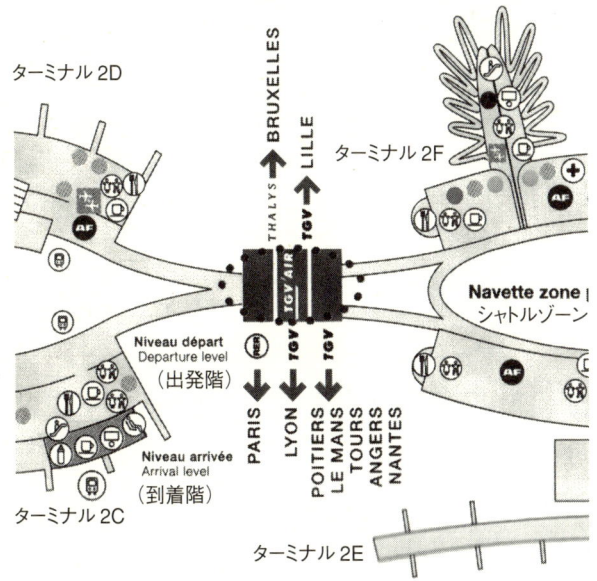

図2-15：CDG空港ターミナル配置図。空港ターミナルの間に
TGVの駅が設けられている（空港案内図）

国内線はTGVに明け渡したAF

　AFはシャルル・ド・ゴール空港にハブとしての役割を持たせ、ここで国際線同士、国際線と国内線の乗り換えを行うべくターミナルを増設している。ターミナル1から3まであり、ターミナル2は、AからFまでの6つに分かれ、AF中心で運用している。ターミナル2のC、D、EおよびFの中間にTGV駅と高速地下鉄の駅を設置している（図2-15）。

2 TGVと新幹線の歩み

　パリの南に国内線および北アフリカ方面の国際線専用のオルリー空港があり、多くの国内線はオルリー発着である。シャルル・ド・ゴール空港発着の国内線はほとんど廃止され、TGVの増発とあいまって、国内主要都市に向かう乗り継ぎ旅客はTGVを利用するようになっている。

　パリ－ブリュッセル間300kmの国際線も、近距離であり、同区間に高速列車タリスが運行されているので、廃止されている。

　AF利用かつシャルル・ド・ゴール空港乗り継ぎの旅客は、ベルギーやフランス主要都市までのTGV乗車券を航空券として購入することができる。ただし、荷物のスルーチェックインはできない。

　航空券は発券時には席番なしであり、航空会社カウンターでチェックインして初めて座席が指定される。一方、鉄道の乗車券は発券時に座席が指定されている。このシステムの違いを補うため、AFはタリス等の1または2両を貸切として、航空券持参の旅客に列車の入り口で座席指定券を渡している。

　コンチネンタル航空やキャセイパシフィック航空でも同様に航空機とTGVの一貫輸送サービスを行っている。この場合は、シャルル・ド・ゴール空港のSNCFのAirTGVカウンターで航空券をTGVの乗車券に交換する。

航空機とデッドヒートを繰り広げる新幹線

　東京－大阪間、大阪－福岡間は航空機も新幹線もドル箱であり、到達時間3～4時間圏で航空会社とJRはしのぎを削っている。AFは赤字の国内線をTGVに代替させたが、

写真2-9、2-10：福岡空港（上）は市の中心部に近く、博多駅（下）までは地下鉄で2駅。航空機と新幹線はライバル（共同通信提供）

日本国内では鉄道、航空会社の双方が黒字であり、新規航空会社も参入していることもあり、お互いに引く気配を見せない。空港に新幹線を引くどころか、神戸や北九州のように空港の新設が相次いでいる。

1 正式名称は北陸新幹線であるが、高崎‐長野間開業時に長野行新幹線と命名され、その後、長野新幹線が定着している。

3 鉄道システムの比較

3.1 鉄道をシステムとしてとらえる

　鉄道システムはハードとソフトに大きく分けられる。

　ハードの代表的なものは土木構造物であり、トンネル、橋梁、路盤等から構成される。構造物の上に、駅、軌道、電力、信号、通信および車両基地の各設備が設けられる。構造物から車両基地までを総称して「鉄道施設」（インフラストラクチャー、以下「インフラ」と略す）という。車両は固定設備であるインフラとは別に取り扱われるが、鉄道の重要なシステムを構成するハードである。

　鉄道の運営には、ハードのほかに、営業、列車運行、各種設備の保守、それらを統括する管理（アドミニストレーション）といったソフトに係わるシステムが必要である。それぞれのシステムはさらにサブシステムに分けられる。例えば、営業システムには、販売、座席予約、運賃収受、供食・構内営業等のサブシステムが含まれる。列車運行システムは、列車運行管理、乗務員、車両整備等のサブシステムから構成される（図3-1）。

　新幹線はそれぞれのシステムを在来線から独立したものとしているので、システム構築の際の制約が少なかった。TGVは在来線との直通運転を前提としていたので、高速

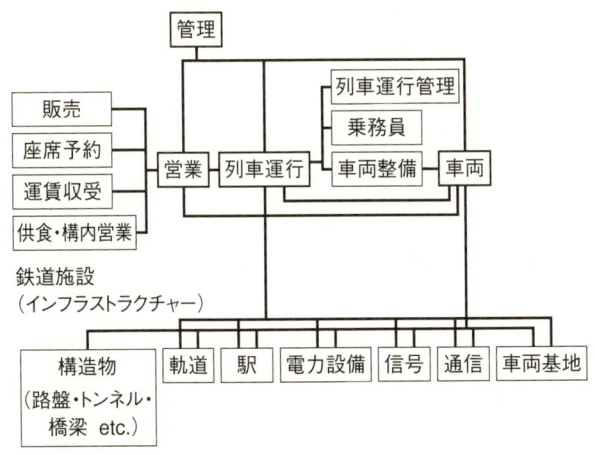

図3-1：鉄道システムとそれを構成するサブシステム

新線と在来線にそれぞれシステムのインターフェースがあり、高速新線のインフラ、高速車両についての制約条件となっている。電気方式を交流、直流両用としなければならなかったのがその例である。

3.2 鉄道の経営形態

複雑なシステムをどのような組織で運営するかが課題である。歴史的には、鉄道会社が路線を決定して、線路を建設し、車両を購入して自ら列車を運行していた。19世紀から20世紀前半までは、鉄道が収益を生む事業であり、鉄道事業単独で経営が成り立っていた。産業革命先進国の英国や米国では民間資本による多くの鉄道が建設された。

当時は航空機や自動車が未発達の時期であり、国家経

済、国防における鉄道の役割は大きかった。国策として産業革命を進めたドイツ、フランスや日本では、幹線ネットワークを構成する鉄道については、国が建設し運営することが求められ、国が中心となって鉄道を建設した。国の鉄道とは別に、州営鉄道、民営鉄道もあったが、第二次大戦頃までには、民間資本で建設された鉄道も国有化された。

20世紀後半は、航空機、自動車の発達によって、鉄道の独占が崩れ、大規模な投資を必要とする鉄道事業の収益が悪化し、都市間旅客輸送や貨物輸送を除いて、運賃収入だけでは、投資のみならず運営経費も賄えないようになり、公的資金の投入が必要になってきた。このような背景から国鉄の経営改革が日本とヨーロッパ各国で進められた。

新幹線と国鉄の分割・民営化

東海道新幹線開業直後から国鉄の経営は急速に悪化した。新幹線建設や在来線改良工事のための投資資金を鉄道債券で調達した結果、長期債務が膨らみ、その利払いが経営を圧迫するようになった。東海道新幹線は高収益となったが、在来線は低い運賃水準、シェアの低下および合理化の遅れにより収益が悪化した。東海道新幹線の収益で在来線の赤字を補填する状態となり、整備新幹線計画決定の前年には、国鉄は償却前赤字を計上している。このような中で、山陽新幹線、東北・上越新幹線の建設が進められた。東北・上越新幹線が部分開業し、新幹線延長1,800kmとなったときには、経営改革のために国鉄を分割・民営化することが決まり、長期債務等を国鉄清算事業団に移したうえ

写真3-1:東北新幹線開業（1982年）。この5年後に国鉄は分割民営化される（共同通信提供）

で、1987年4月にJR各社が発足した。国鉄清算事業団はその後「鉄道建設公団」に統合された。

分割により、新幹線のインフラは「新幹線保有機構」が所有し、東海道新幹線は東海旅客鉄道[2]（JR東海）、山陽新幹線は西日本旅客鉄道（JR西日本）、東北・上越新幹線は東日本旅客鉄道（JR東日本）がそれぞれ運営して、新幹線保有機構にリース料を支払うようにした（図3-2）。国鉄の長期債務返済方策のひとつであった。しかし、整備新幹線建設資金捻出のため、新幹線施設の価格を再評価したうえで、JR各社が買い取ることとなり、新幹線保有機構は解散した。

民営化後、整備新幹線の建設は鉄道運輸整備機構（元の鉄道建設公団、現独立行政法人鉄道建設・運輸施設整備支援機構）が担当しているが、その資金は国が2/3、地方自治体が1/3を負担する。国の資金の一部は新幹線買取資金

3 鉄道システムの比較

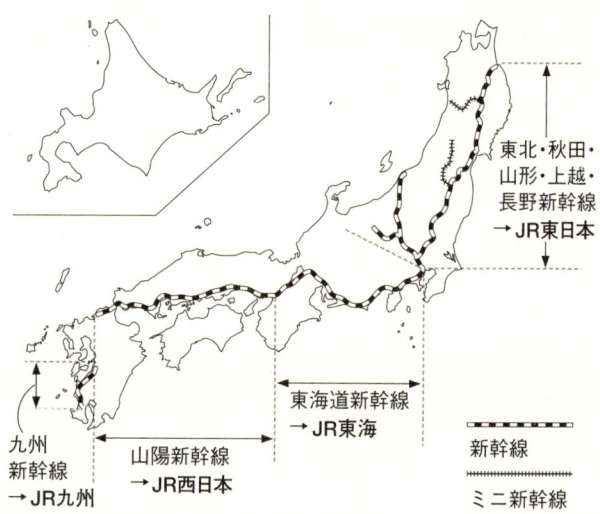

図3-2：新幹線の分割。新幹線保有機構が保有していたのは、東海道、山陽、東北（東京 – 盛岡）、上越の各新幹線

が充当される。完成後に、それを使用するJRが採算の取れる範囲内でリース料を支払い、並行する在来線もJRから切り離すことになった。これにより、旅客需要が少なく採算性の良くない整備新幹線を公的資金で建設し、運営する会社にも経営上の負担を生じない枠組みができあがった。

このようにして、東北新幹線の東京 – 大宮間および盛岡 – 八戸間、北陸新幹線（長野新幹線）高崎 – 長野間並びに九州新幹線新八代 – 鹿児島中央間が開業した。これらのインフラは鉄道運輸整備機構が所有しているが、保守はJR各社が行っている。

一方、東京駅には東海道、東北、上越および長野新幹線が発着するが、東海道と東北方面の相互直通運転は行われていない。電源周波数が東海道は60Hz、東北は50Hzと異なっていることもあるが、分割により別会社となったことと、東京を越えて東海道と北関東エリアを移動する輸送需要が多くは見込めないので、大きな投資をしてまでJR東海とJR東日本との間で直通運転するメリットが見出せないのが実態であろう。

ヨーロッパの国鉄改革

　日本の国鉄は1987年に大手術によって生まれ変わったが、当時、ヨーロッパの各国鉄も病巣を抱えていた。単年度の赤字は公的資金で補塡される仕組みを採用していたが、インフラ整備に係わる資金調達はそれぞれの国鉄が行っていたため、国鉄の長期債務が膨れ上がり、EU発足の財政基準を満たそうと躍起であった各国政府の頭痛の種であった。

　スウェーデン国鉄が1989年にインフラの保有と列車運行を分離する「上下分離」政策を導入した。スウェーデンの人口密度は北海道よりも低く、公的資金なしでは鉄道ネットワークの整備も維持もできないので、鉄道を道路と同じ社会インフラと位置付けた。道路庁（Vägverket）と同じように軌道庁（Banverket）を新設して、鉄道インフラの保有と維持管理を担当することとし、スウェーデン国鉄（SJ）は車両を保有して、列車運行に専念することになった。列車運行にはSJ以外の鉄道事業者の参入も認めて、SJの独占体制を解消した。また、軌道庁には鉄道事業者

3 鉄道システムの比較

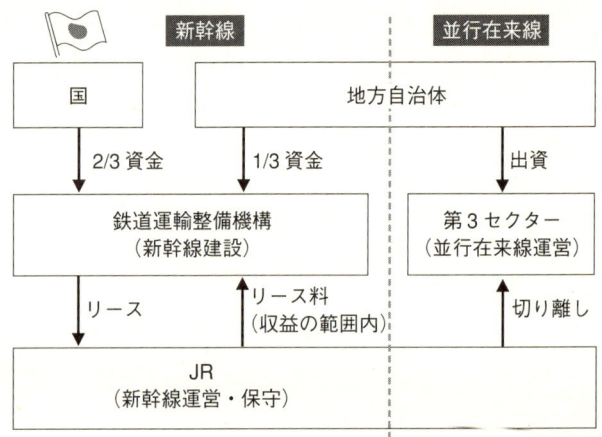

日本の高速鉄道建設の枠組み

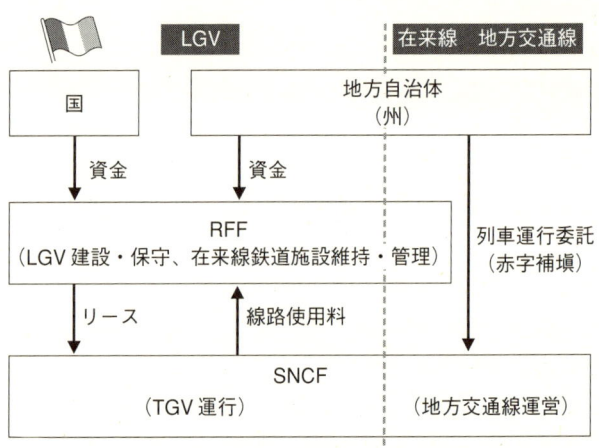

※ LGV建設資金の出資割合は、その都度協議

フランスの高速鉄道建設の枠組み

図3-3：日仏高速鉄道建設の枠組み

からのリース料のほかに公的資金も投入され、鉄道施設の整備を促進することになった。この成功を受けて、EUは指令91/440号を公布した。

この指令の骨子は、鉄道会計を上下分離すること、列車運行に市場原理を導入すること、高速道路や空港と同様の事態を想定し、新規鉄道事業者が既存の鉄道施設を使えるようにする「オープンアクセス」を保証することであった。

フランスは鉄道施設保有と列車運行は技術的にも密接な関係があり、上下分離はできないと抵抗していたが、最終的にはEU指令に沿って1997年5月に政令97-444号、97-445号および97-446号で、鉄道施設保有機構（RFF、Réseau Ferré de France、フランス鉄道網）を発足させ、SNCFは列車運行会社となった。RFFは地上設備、ホームを保有し、SNCFはホームを除く駅の営業施設、車両および車両基地を保有する[3]。なお、インフラの維持管理業務はRFFからSNCFが受託している。

RFFは鉄道施設の保有、維持管理、改良および新線建設を行うことになり、SNCFの長期債務も移したうえで、SNCFを身軽な形で再発足させた。新体制発足はSNCFの人員削減も伴い、退職金およびSNCFの年金負担分もRFFが引き受けることとなった。すなわち、日本の清算事業団と同じ役割をRFFが担っている。

この結果、TGVの新線建設はRFFが担当することとなった。地方交通は、州政府が契約でSNCF等に列車またはバスの運行を委託することになった。車両や駅の改良も州政府の資金で行っている。財源として、各州内の企業から

3 鉄道システムの比較

従業員給与の1～2％を徴収する交通税が充てられている。交通税は、鉄道のほか道路整備、バス等の運営費補助にも使われている。

3.3 技術規制

インフラの構造基準や運行規則といった技術基準は、それぞれの国鉄が内部規定として制定していた。日本もヨーロッパも、国鉄が国の機関ではなくなったことから、国鉄の制定していた技術基準を改めて国の基準として位置付ける必要が生じた。

国土交通省令中心の日本

日本の場合は、国鉄の規定の上位に運輸省令（現在の国土交通省令）があったので、国土交通省令の改定で対応し、省令に基づいてJR各社を含む鉄道事業者が社内規定を制定して、国土交通省に届けるようになった。インフラ

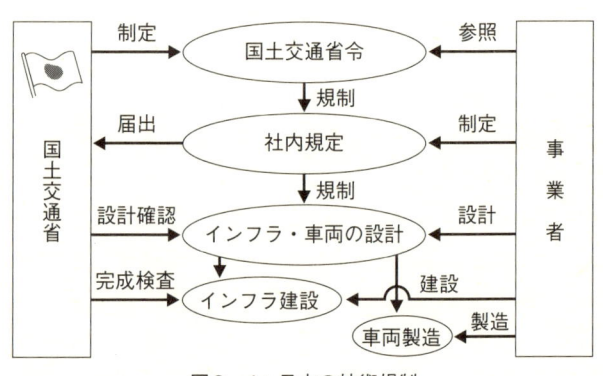

図3-4：日本の技術規制

の新設、改良あるいは新設計車両新造の場合は、鉄道事業者が関連法令および社内規定に基づいて設計を行い、国土交通省から設計確認を得る必要がある。鉄道事業者の技術陣が一定の要件を満たしていれば、設計確認事務が簡略化される。新線建設のインフラについては、国土交通省の完成検査を受ける必要がある。

規格中心のヨーロッパ

　ヨーロッパ各国は、規制緩和の中で国鉄に代わる大きな組織を新たに作ることを避けて、技術基準の大部分を非政府組織（NGO）が制定する規格に委ねる仕組みとした。具体的には、それぞれの鉄道事業者あるいはインフラ管理者が規格に従って、安全性、信頼性、耐久性および既存システムとの互換性を証明する「セーフティケース（Safety Case、安全性証明）」を作成して、それを第三者機関（認証機関）が認証する。事業者あるいはインフラ管理者がセーフティケース作成を外部のコンサルタントに委託することが多い。認証機関の認定は「認証機関の資格要件を定めた規格」に基づいて、国が指定した認定機関が行う。事故が発生した場合は、セーフティケースが妥当であったか、認証手続きが妥当であったかが検証される。

　EUの発足に合わせて、市場統合もなされたので、車両メーカーや信号メーカーの国境を越えた統合が推進された。それ以前は各国鉄とそれぞれの車両メーカーが共同で車両を開発し、国別対抗の様相を呈していたが、メーカーは多国籍企業となり、それまでのルールは変更された。EU政府が主導して、ヨーロッパ内の鉄道規格統一が進め

られるようになった。それらの結果、規格が大きな意味を持つようになっている。

　また、EU域内の鉄道ネットワーク計画、鉄道事業の技術基準統一、安全性認証や鉄道事業者認定の統一フレームをつくるために「ヨーロッパ鉄道庁（European Railway Agency）」がEU規則2004/881号（2004年4月）により設置された。もちろん、後述の技術仕様書や規格制定の方針も鉄道庁が策定する。鉄道庁に対応するインフラ管理者および鉄道事業者の連合体が「ヨーロッパ鉄道およびインフラ事業者連合体（CER, The Community of European Railway and Infrastructure Companies）」であり、66社が加盟している。

ヨーロッパ規格制定

　高速列車の直通運転が増え、ひとつの車両に多くの機器を搭載するのは不経済であり、複雑でもあるので、車両、信号および通信システムの規格統一が進められている。

　EU規則96/48号（1996年7月）により、高速鉄道の相互直通運転のための技術仕様書TSI（Technical Specification for Interoperability）が制定され、それを受けて、鉄道に係わる多くの規格が制定されるに至った。最近のTGVもこの規格に従って設計・製造されている。TSIはその後、EU指令2001/16号（2001年3月）で在来鉄道に、EU指令2004/446号（2004年4月）で貨物鉄道に拡大されている。このように、ほぼすべての鉄道分野がEU指令とそれに関連するヨーロッパ規格でカバーされるようになった。

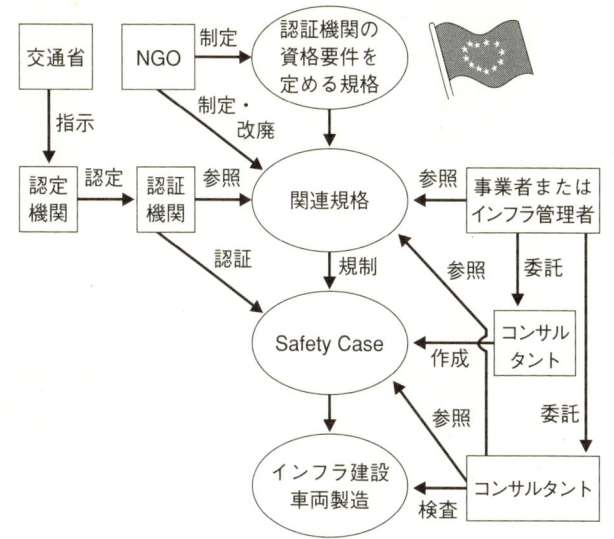

図3-5：ヨーロッパの技術規制

　一方、新幹線は国内の法令に基づいて設計・製造されているが、規格で規定している内容はTGVに比べて少なく、鉄道事業者の仕様書にウェイトを置いている。これは日本国内では通用するが、世界市場に売り込む際にはハンディキャップとなる。台湾高速鉄道プロジェクトでも大きな問題となり、莫大な費用を投入して欧米人コンサルタントに依頼し、新幹線の安全性証明のための資料を作成している。

ヨーロッパ規格で世界制覇へ

　ヨーロッパでは、さまざまな分野の各国の規格をヨーロ

3 鉄道システムの比較

	TGV	新幹線
国境を越えた規制	EU制定の技術仕様書（TSI）	なし
国内技術基準	EU指令に準拠した国内法令、ヨーロッパ規格（EN）	国土交通省令、関連法令
安全性認証	鉄道事業者またはインフラ管理者が作成した安全性証明を認定機関により認証	法令および鉄道事業者による設計確認
設計基準	ENと国際鉄道連合*（UIC）規格等	日本工業規格（JIS）、鉄道事業者仕様書等
製造基準	EN	JIS、JRIS***およびメーカー社内基準
品質管理	ISO規格（9000シリーズ）、RAMS規格**	ISO規格（9000シリーズ）、鉄道事業者仕様書
落成車の受け取り	EN	JIS規格、鉄道事業者仕様書
他社線乗り入れ	TSI、ENおよびUIC規格	関連会社間の協定

*国際鉄道連合を名乗っているが、元来はヨーロッパ大陸各鉄道の相互直通運転のための組織であり、主たる活動はヨーロッパ向けである。非ヨーロッパ鉄道向けにいくつかのプロジェクトを立ち上げている。

** IEC 62278 Railway applications - Specification and demonstration of reliability, availability, maintainability and safety（鉄道適用-信頼性、アベイラビリティ、保全性および安全性の仕様およびデモンストレーション）

*** 日本鉄道車輌工業会規格

表3-1：TGVと新幹線の技術規制比較

ッパ規格（EN規格）に統一する作業が進められ、膨大な規格体系が構築された。以上述べてきたように鉄道分野においても例外ではなく、個々の機器や部品はいうに及ばず、鉄道システムそのものも規格化されてきた。大きな動

写真3-2：台湾高速鉄道へ輸出された新幹線型車両。同高速鉄道では、TGVと新幹線の双方から技術を導入したため、双方の規格が混在する（共同通信提供）

機は高速鉄道網拡大に伴う高速鉄道関連の規格統一、貨物輸送の自由化に関連した規格制定等々である。

これは、ヨーロッパ規模で統合したメーカーにとっても大きな武器となり、域外からの参入を防ぐとともに、ヨーロッパ製品の売り込みのため、EN規格を国際規格とする動きが加速された。

米国はヨーロッパとは異なる規格体系を採用しており、旅客鉄道に関しては輸入が主であるため、米国規格に基づいた購入仕様書を制定している。ヨーロッパ企業であって

3 鉄道システムの比較

	EN規格	JIS規格
適用範囲	EU域内各国	日本国内
規格制定体制	EU各国からの委員による合議制	学識経験者、鉄道事業者、メーカー代表による合議制
国際規格との互換性	ウィーン協定およびドレスデン協定により迅速手続*でISO、IECに格上可	理論的には迅速手続可能であるが、言葉の壁等で困難
システム規格	システム全体を規定する規格が多い	システム全体は関係法令で規定し、システム規格が少ない
ハードウェア規格	個々の機器、部品について制定	同左
ソフトウェア規格	ソフトウェア作成手順、作成者評価等について制定	規定なし
信頼性、安全性等の規格	RAMS規格、RAMS規格適用指針、認証手続等について制定	規定なし（法令に規定）
製造方案	規格制定	規定なし（メーカー各社の社内基準）
製造資格	溶接等の一部について規格制定	規定なし（必要に応じて法令に規定）

*国際規格制定には、規格草案作成から制定まで関係国の協議を含めたいくつかの段階を経るため、規格制定まで数年の歳月が必要であり、技術の進歩に追従できないことから、ウィーン協定（1991年ISO）とドレスデン協定（1996年IEC）により、一つの地域で使用されている規格については、途中のステップを省略して、一挙に関係国による規格原案への賛否投票からスタートして、規格制定までの期間を大幅に短縮する「迅速手続」が制度化された。

表3-2：鉄道関係EN規格とJIS規格比較

も米国規格を守ることが義務付けられている。したがって、ここでいう輸出市場は米国を除く市場である。

2　JR発足時に「鐵」は金を失うという意味から「鉄」と表記されたが、現在は各社とも「鉄」が一般的に使われている。
3　（財）運輸政策研究機構、主要国運輸事情調査報告書フランス共和国2007.10

4 高速鉄道ネットワーク

高速鉄道ネットワーク延長距離では、TGVと新幹線が世界をリードしている。TGVは線路の幅が同じというメリットを活かして、在来線との直通運転により、新線区間以外へのネットワークを構築している。新幹線は東京起点で4方向に路線を延ばしているが、線路の幅が違うことがネックとなって、狭軌在来線との直通運転ができないのが難点である。

4.1 新幹線ネットワークの発展

東海道線の輸送力増強のため建設された新幹線は、在来線より幅の広い標準軌を採用した。在来線から独立したシステムであるため、軸重、車両限界等の建設基準、列車運行システムは従来のしがらみにとらわれずに効率的なものが採用され、新幹線の高収益を実現した。東海道新幹線の成功体験は、国内世論を変え、全国新幹線網整備計画につながった。

東海道新幹線の成功と整備新幹線

「万里の長城と戦艦大和、新幹線」との反対の声のある中で建設された東海道新幹線の工事費3,800億円は、世界銀行からの借款も含めて国鉄が鉄道債券を発行して調達し

線名	区間	路線延長 km	開業	記事
東海道	東京ー新大阪	515.4	1964.10	
山陽	新大阪ー博多	553.7	1975.3	新大阪ー岡山間開業 1972.3
東北	東京ー八戸	593.1	2002.12	大宮ー盛岡間開業 1982.6 上野ー大宮間開業 1985.3 東京ー上野間開業 1991.6
上越	大宮ー新潟	269.5	1982.11	
北陸	高崎ー長野	117.4	1997.10	長野新幹線の名称使用
九州	新八代ー鹿児島中央	126.8	2004.3	
営業線総延長		2,175.9		
北海道	新青森ー新函館	148.8		1973.11 計画決定、2005.4 着手
東北	八戸ー新青森	81.8	2010年度予定	1973.11 計画決定、1998.3 着手
北陸	長野ー金沢	228.0		1973.11 計画決定、 1998.3 長野ー上越間着手 2001.4 上越ー富山間着手 2005.4 富山ー金沢間着手
北陸	福井駅部	0.8		1973.11 計画決定、2005.4 着手
九州	博多ー新八代	130.0	2010年度予定	1973.11 計画決定、 1998.3 船小屋ー新八代間着手、 2001.4 博多ー船小屋間着手
九州	武雄温泉ー諫早	44.8		1973.11 計画決定、着工予定
整備計画路線総延長 （着工および着工予定区間）		634.2		
北海道	新函館ー札幌	211.5		1973.11 計画決定
北陸	金沢ー敦賀	125.3		同上、2005.12までに認可申請
北陸	敦賀ー大阪	約123.3		1973.11 計画決定
九州	新鳥栖ー武雄温泉	約51.3		同上、ルート公表 1985.1、環境アセス実質終了
九州	武雄温泉ー長崎	66.0		同上、2008.3までに認可申請、武雄温泉ー諫早間は2008.3暫定許可
整備計画路線総延長 （未着工区間）		約532.7		

鉄道運輸整備機構ホームページなどより作成

表4－1：新幹線一覧

4 高速鉄道ネットワーク

た。東海道新幹線の成功により、批判的意見は影を潜め、山陽新幹線、東北新幹線、上越新幹線が次々に建設された。オイルショックや国鉄の分割民営化で一時建設の速度は鈍ったが、長野新幹線および九州新幹線も含めて2,176kmが整備され、さらに整備新幹線として約1,167kmが建設または計画中である。

新幹線は東京と主要都市を結ぶ高速鉄道ネットワークを構成し、東京駅に新幹線が集中しているが、東海道新幹線と東北・上越新幹線や長野新幹線との直通運転は行われていない。

新幹線は東京中心のネットワークとなっているが、今後の九州新幹線や北陸新幹線は地方都市間交流促進のきっかけとなる可能性を秘めている。

ミニ新幹線は高速列車網拡大に寄与する

新幹線により、東京はじめ主要都市間の旅行時間が大幅に短縮され、経済の活性化にもつながった。各地方で新幹線の誘致運動が行われ、表4-1に示すように整備計画路線が1973年11月に決定された。

整備計画路線のルートから外れた山形県および山形市は、在来線の新幹線直通運転によって東京との時間距離を短縮する方策を模索した。東北新幹線の福島-山形間を結ぶ奥羽本線に狭軌と標準軌の線路を併設する4線軌条も検討されたが、複雑な分岐器構造と積雪がネックとなった。最終的に、福島-山形間の在来線を標準軌に改築して、車体幅の狭い新幹線電車を開発することによって、東京から山形まで新幹線列車が直通運転することとなった。在来線

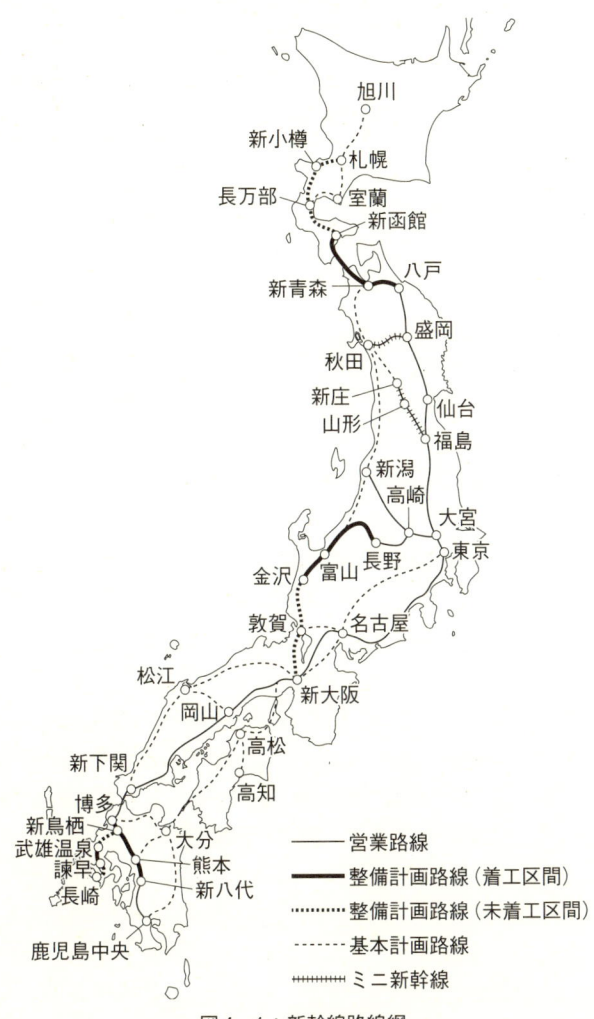

図4-1：新幹線路線網

4 高速鉄道ネットワーク

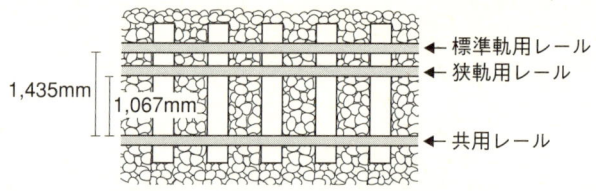

図4-2：3線軌条。ミニ新幹線などの標準軌車両は外側のレールを使い、貨物列車などの狭軌車両は内側のレールを使う

区間では最高速度が95km/hから130km/hに引き上げられ、福島駅での乗り換えがなくなったことが到達時間短縮、利便性向上に寄与した。これが山形新幹線である。

山形新幹線は「ミニ新幹線」と呼ばれている。ミニ新幹線は、新幹線と直通運転できるように改築された在来線のことである。法的には在来線であり、そのため、新幹線整備資金は使えず、財源の確保が問題になる。山形新幹線の場合、事業に必要な資金は山形県や沿線自治体も拠出するとともに、駅周辺の整備事業もあわせて実施された。

ローカル列車は標準軌の電車に置き換えられたが、他線と直通する貨物列車はそうはいかない。このため、必要な区間（山形－蔵王間）に限り、狭軌と標準軌両用を共用する3線軌条（図4-2）にした。

在来線区間における速度向上はわずかであったが、福島駅での乗り換え解消は大きなメリットとなり、東京－山形間の心理的距離が縮まった。また、東京駅で山形の名前が連呼されることは、山形の知名度向上にもつながっている。

この成功は、盛岡－秋田間のミニ新幹線である秋田新幹

写真4-1:ミニ新幹線用車両E3系

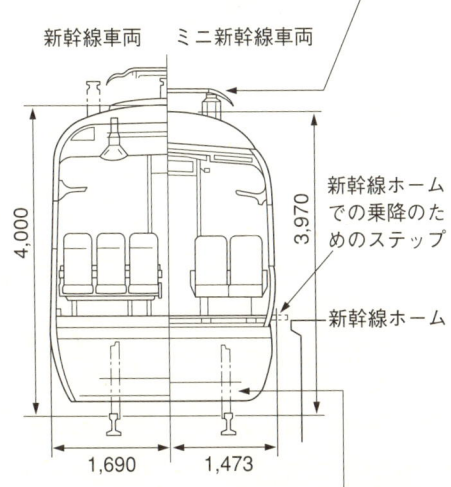

図4-3:ミニ新幹線車両と新幹線車両車体断面比較

4 高速鉄道ネットワーク

写真4-2:ミニ新幹線つばさ400系(奥)と新幹線やまびこE4系(手前)併結列車

線の建設や、山形新幹線の新庄延伸につながった。先人の思い描いた在来線の標準軌改築が実現したことになる。しかし、在来線の車両幅を大きくすることはできないので、ミニ新幹線の車体は普通の新幹線車両より一回り小さくなっている。すなわち、新幹線の車体幅3.38mに対し、ミニ新幹線の車体幅は2.95mである。このため、新幹線区間では、ホームとのすき間を埋めるために可動式のステップを設けている。一方、床面高さは新幹線と同じ1.3mとしたので、ミニ新幹線区間のホーム高さを在来線より高い1.1mに上げている。パンタグラフは在来線の電車線高さ4.55m〜5.4mと、新幹線の5.2mに追従し、かつ、新幹線区間での高速走行に耐えるものとしている。

東北新幹線区間の列車本数が限られているために、東京-福島、東京-盛岡間は、ミニ新幹線車両は新幹線車両と

連結して運転される。なお、ミニ新幹線内で列車が遅れるようなことがあれば、新幹線はミニ新幹線の到着を待たずに発車するので、新幹線上でミニ新幹線車両が単独で運行されることもある。

新幹線整備計画路線から外れている地域はほかにもあり、山陰、四国、九州の大分、和歌山等でミニ新幹線を望む声がある。しかし、すべての在来線をミニ新幹線にするわけにもいかない。そのため、車両側で車輪の間隔を狭軌と標準軌に変えることによって、異なる線路の幅に対応できる軌間可変電車（Free Gauge Train）の開発が進められている。すなわち、ミニ新幹線では在来線の線路の幅を標準軌に改築したので、工事費と期間を要した。しかし、車輪の間隔を狭軌と標準軌に変えることができれば、線路の改築は不要となる。

軌間可変車両の歴史は古く、スペインは広軌（1,668mm）鉄道ネットワークの中に標準軌の高速新線を建設したので、高速新線と在来線の直通運転に軌間可変式の列車タルゴを使用している。タルゴは客車のみで機関車は標準軌と広軌で取り替えていたが、2005年から軌間可変電車を日本より一足早く営業運転に供している。

4.2 TGVネットワークの発展

パリ－リヨン間は旅客、貨物ともに輸送量が多く、輸送上のネックとなっていた。同区間の輸送力増強のため、旅客新線LGVの建設が必要と考えたSNCFは、国の理解を十分得られない中で、社債発行により工事費をすべて調達してLGV南東線を建設した。

4 高速鉄道ネットワーク

　前述したように、LGVは高速専用線（高速新線）の線路名称であり、TGVはLGVと在来線双方を高速で走行する高速列車の名称である。LGVは限定的に使われるが、TGVは高速列車全般の一般名称として使われている。

　南東線開業によって鉄道旅客は飛躍的に増加し、パリ−リヨン間の航空路線は撤退して鉄道の役割を再認識させた。その結果、TGVの成功は日本の整備新幹線と同じように政治路線建設につながった。

TGV南東線の成功は高速新線計画を促進する

　SNCFは南東線の次にパリから北のリール−ブリュッセルをつなぐ路線建設を計画した。しかし、政府は地域振興のために、パリから西のボルドー方面への大西洋線建設を決定した。政治的決定であり、元々大きな需要が見込めないので、収支を改善するために国が建設費の30％を負担することになり、途中のトゥールとルマンまでが建設された。トゥール以遠は計画線となったが着工の目処は立っていない。

　パリ−ブリュッセルおよびアムステルダム間は、国際列車が多数運行され、貨物列車も多い。北ヨーロッパ線（計画時は北線）として大西洋線の次に建設されたが、同時に英仏海峡トンネルの建設も並行していたので、北部の工業都市リールでブリュッセル方面とドーバー海峡の入り口カレー方面に分岐することになった。カレーからは英仏海峡トンネルにつながり、ロンドン、パリおよびブリュッセルが鉄道で結ばれた。

　パリから東へ伸びる東ヨーロッパ線の計画は早かった

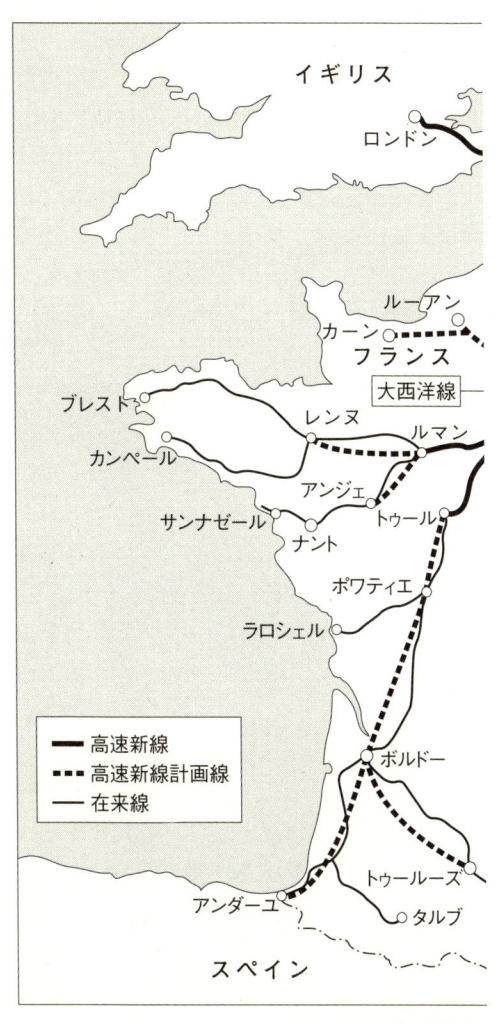

図4-4：仏高速鉄道路

4 高速鉄道ネットワーク

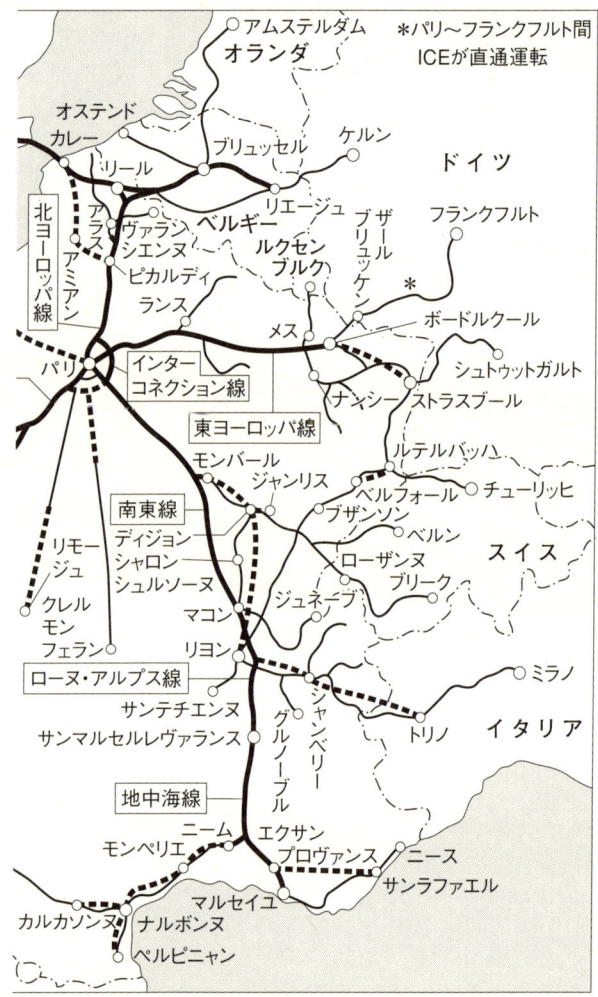

線網。在来線はTGV関連の主要路線

線名	区間	路線延長 km	開業	記事
南東	コンブ・ラヴィル(パリ)ーサトネイ(リヨン)/ポールデヴェイェ Jn	421	1983.9	ヴェルジニ・サンフロランタン Jn―サトネイ(リヨン)間 271km、マコン Ex―ポールデヴェイェ Jn 間 9km 開業 1981.09
大西洋	パリーコネレ Jn(ルマン)/モン Jn(トゥール)	284	1990.9	パリーコネレ Jn 間 182km 開業 1989.09
北ヨーロッパ	ゴネス Jn(パリ)―フレタン(リール)/アラス	425	1997.12	ゴネス Jn―フレタン/アラス間 342km 開業 1993.09
ローヌ・アルプス	モンタネイ Jn(リヨン)―サンマルセルレヴァランス Cx	115	1994.7	
インターコネクション	ヴェマール・トライアングル―モアズネイ Jn/クレテイユ Jn/クベール・トライアングル	103	1995.5	クレテイユ Jn―クベール・トライアングル間は南東線のパリ連絡用短絡線
地中海	サンマルセルレヴァランス Cx―マルセイユ・サンシャルル/マンデュエル Jn(ニーム)	248	2001.6	
東ヨーロッパ	ヴェイル Jn(パリ)―ボードルクール Jn	301	2007.6	ストラスブールまでの延伸計画あり
営業線総延長		1,897		

*Jn:Jonction、Ex:Exchange、Cx:Connexion

表4-2:LGV 開業線一覧

4 高速鉄道ネットワーク

区分	線名	区間	路線延長 km	記事
建設決定線	アキテーヌ	トゥールーボルドー	340	大西洋線の延伸、2016年開業予定
		ボルドーーアンダーユ	230	開業未定
	ブルターニュ	ルマンーレンヌ	200	大西洋線の延伸、2013年開業予定
	東ヨーロッパ	ボードルクールJn-ストラスブール	106	2015年開業予定
	インターコネクション	パリ南	20	
	地中海ラングドックルシオン延伸	ニームーモンペリエ	80	2013年開業予定
		モンペリエーペルピニャン	200	
	ミディ・ピレネー	ボルドートゥールーズ	250	
	ライン・ローヌ	ディジョンーリヨン	180	
		モンバールージャンリス	70	
		ベルフォールールテルバッハ	36	
	トランス・アルパン(リヨン、トリノ)	リヨンーシャンベリーーイタリア(トリノ)方面	261	イタリアとの共同企業体が建設中、イタリア国内の路線延長は含まない
建設決定線延長			1,973	
建設計画線	オーベルニュ	パリークレルモン・フェラン方面	130	
	大南部	カルカソンヌーナルボンヌ	70	
	リムザン	パリ方面ーリモージュ	174	
	地中海コートダジュール延伸	エクサンプロヴァンスーサンラファエル	132	
	ノルマンディー	パリールーアン/カーン	169	
	ロワール地方	ルマンーアンジェ	78	
	ピカルディ	ピカルディー英仏海峡トンネル	165	北ヨーロッパ線から英仏海峡トンネルへの短縮線
建設計画線延長			1,028	

IRJ2008年7月号により作成

表4-3:LGV計画線一覧

が、沿線人口密度が低く、収支見通しは良くなかった。最終的には、国が30％、地方政府が18％を負担するほか、フランス、ルクセンブルク、ドイツおよびチェコを結ぶ国際高速列車網の一部を構成するとの理由からEUの資金も拠出して、プロジェクトの実現にこぎつけている。これは同時にフランスが拒み続けてきたドイツICEのフランス国内乗り入れへの道を拓くことになった。

　以上により、南東線開業から17年間でパリを中心に東西南北（正確には南、西、北、東の時計回りの順）に表4－2に示す約1,900kmのLGV路線網を張り巡らした。

　日本の整備新幹線計画と同様に、1991年に既開業線を含む16路線約4,700kmの国内高速鉄道計画が策定された。事業費は1989年価格で総額2,100億フラン（約4兆2千億円）と見込まれた。前述のようにSNCFの長期債務軽減のためにRFFを発足させたこともあり、東ヨーロッパ線開業後、この計画は凍結状態となったが、一部は2008年7月に建設が決定した。計画線の一覧を表4－3に示す[4]。

国際列車TGV

　高速新線は、既存線の隘路区間のバイパスとして建設され、新線を経由して在来線乗り入れの形で国内各地のほか、スイス、英国、ベルギー、オランダ、イタリアおよびドイツにも乗り入れている。1994年開業の英仏海峡トンネルは英国を大陸と鉄道で結び、TGVの一族ユーロスター（Eurostar）がロンドン－パリおよびブリュッセル（EU本部所在地）の3都市間に運行されるようになった。2007年6月開業の東ヨーロッパ線はTGVがドイツに乗り入れ

4 高速鉄道ネットワーク

写真4-2:パリ北駅に並ぶ国際列車

ただけではなく、ドイツの高速列車ICEもパリに乗り入れ、パリ、ストラスブール(EU議会所在地)およびフランクフルト(ヨーロッパ中央銀行所在地)といった政治経済に係わる主要都市を高速鉄道で結ぶ画期的事業である。これを可能にしたのは、線路の幅のほかに、車両の幅、重さや連結器といった主要部分の仕様がヨーロッパ内で統一されていたことである。

また、TGVはパリ一極集中の形態となっているが、パリを迂回するインターコネクション線が建設されたことにより、東西南北の列車運行が可能になっている。

このように、軌間が同じメリットを活かし、国境を越えて高速鉄道のネットワークが整備されているのがTGVの特徴である。

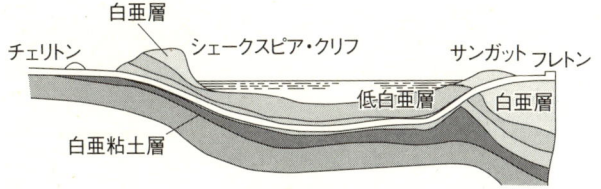

図4-5：英仏海峡トンネル縦断面図（ユーロトンネル夢の年譜、1994年から作成）

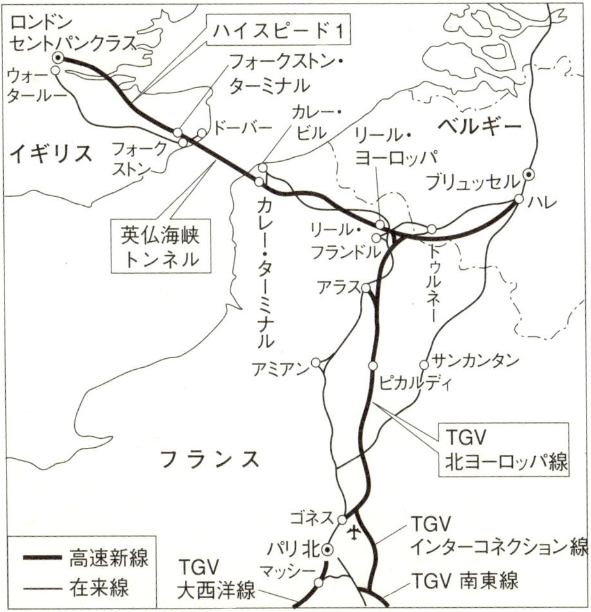

図4-6：英仏海峡トンネルルート図

4 高速鉄道ネットワーク

写真4-3：英国議事堂をバックに走るユーロスター

ナポレオンの夢かなった英仏海峡トンネル

　ナポレオンの時代から、大陸とブリテン島の間に横たわるドーバー海峡をトンネルでつなぐ構想があった。トンネルの試掘も行われたが、英国の大陸諸国への警戒心は強く、構想の実現には至らなかった。ドーバー海峡が英国の生命線となっていたからである[5]。

　構想から約100年経って、英国はフランスからの武力侵略を恐れる必要がなくなり、英仏共同で英仏海峡トンネル（ドーバー海峡トンネル）を完成させた。ここで初めて英国と大陸間の直通列車が運転されるようになった。それでも英国人の警戒心は解けず、病原菌を持った小動物が大陸から英国に侵入できないような仕掛けをトンネル内に設け、海峡トンネルを通過するトラックを丸ごとX線でチェックし、ほかのEU諸国がシェンゲン条約を批准して国

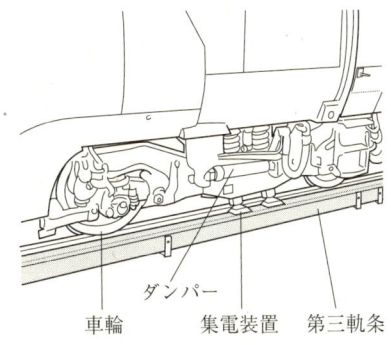

車輪　　集電装置　　第三軌条　　ダンパー

図4-7：ユーロスターの集電装置。走行用レールに並行する第三軌条から集電する

境検査などを廃止したにもかかわらず、入国管理を継続している。

英国は大陸諸鉄道よりも一回り小さい車両限界を採用しており、英国直通運転用高速車両は車体幅を2.9mから2.8mと小さくし、名前も英語のユーロスターとした。ロンドン南西部の近郊線は、東京地下鉄の銀座線や大阪市の御堂筋線のように電気を走行用レールの脇に設けた集電レールからとる第三軌条直流750Vで電化されているため、ユーロスターはフランス国内および海峡トンネル用の交流25,000V、ベルギー用の直流3,000Vのほかに第三軌条直流750Vにも対応することとなった。

乗り入れは一筋縄ではいかず、ユーロスターのハイテク制御システムから放出される電磁波により、英国の古い信号システムは信号機の誤作動に悩まされた。車両と信号設備の改修によりロンドンに乗り入れることができたが、ロンドンのターミナルがウォータールー駅となったことは、フランス人の神経を逆なでした。ウォータールーの仏語読みはワーテルローであり、ナポレオンの敗戦を思い起こさせる。

4 高速鉄道ネットワーク

　ドーバー海峡とロンドンを結ぶ高速新線「ハイスピード1」が2007年に開業し、第三軌条の19世紀の線路を使わずに済むようになり、ターミナル駅もセントパンクラス駅に変更になった。これに合わせて、日本製の高速電車がロンドン近郊に導入された。

　シェンゲン条約でEU域内の国の往来は自由になったといっても、前述したように英国は例外であり、出入国検査が厳しく行われている。パリ北駅でもタリスはノーチェックで乗車できるが、ユーロスターは専用の乗り口で空港と同じ出国審査、手荷物チェックが行われる。

4　(財)運輸政策研究機構、主要国運輸事情調査報告書フランス共和国2007.10
5　大英帝国衰亡史、中西輝政、PHP文庫、2004年4月

5 営業システム

5.1 運賃比較

　TGVと新幹線の350kmおよび750kmでの運賃を比較すると、新幹線はほぼ距離に比例した運賃体系となっているが、TGVは区間別運賃設定なので、距離には比例していない（表5-1）。競争力のあるパリ-マコン・ロッシュ間（365km）と航空機との競争にさらされているパリ-マルセイユ間（750km）では、後者のほうが遠距離なのに、正規運賃のレベルはほとんど同じである。割引運賃に至っては、遠距離のほうが近距離よりも安いという逆転現象を生じている。

　これは1990年代初めに、SNCFが運賃制度を改定し、TGVについては距離に比例して運賃を決める仕組みを撤廃して、区間別に競合する交通機関との競争条件を勘案して決めるようにしたためである。インターネットでの販売が広く行われるようになってから、運賃の割引幅も広がり、格安切符も多く売られている。

　国際線航空機との競争にさらされているユーロスターの場合には、新幹線の2.5～3倍の正規運賃を設定していたが、最近値下げし、さらに往復割引等で格安切符を売っており、マーケット志向が強い。これは航空機の運賃設定と

距離帯	区間	距離	種別	正規片道運賃*	割引片道運賃**
350 km	東京—名古屋	366 km	新幹線(普)	10,780円	10,070円
			新幹線(G)	14,270円	14,070円
	パリ—マコン・ロッシュ	365 km	TGV (2等)	11,484円 (€69.6)	8,217円 (€49.8)
			TGV (1等)	16,731円 (€101.4)	13,893円 (€84.2)
750 km	東京—岡山	733 km	新幹線(普)	16,860円	15,640円
			新幹線(G)	22,650円	21,430円
	パリ—マルセイユ	750 km	TGV (2等)	16,863円 (€102.2)	12,903円 (€78.2)
			TGV (1等)	23,166円 (€140.4)	21,994円 (€133.3)
500 km	東京—新大阪	553 km	新幹線(普)	14,050円	13,750円
			新幹線(G)	18,690円	18,390円
	パリ—ロンドン	495 km	Eurostar (2等)	13,545円 (€64.5)	6,195円 (£29.5)
			Eurostar (1等)	33,532円 (€169.2)	――

*のぞみ指定席利用時の運賃+特急券、€1.00=¥165、£1.00=¥210で換算(2008年8月)
**新幹線は6枚綴り回数券1枚分、TGVはシニア割引等を除く最も安い運賃を表示、ユーロスターは往復切符の最安値を表示

表5-1:日仏運賃比較

対をなすものといってもよい。

5.2 乗車券の日仏比較

切符についてもお国柄が表れる。TGVの切符はTGVとその先の目的地までの運賃と料金は全て込みで発券され

る。一方、新幹線の切符（乗車券）は新幹線とその先の駅まで通して乗車するためのものであり、特急券やグリーン券は別立てである。

運賃制度の日仏比較

　新幹線は駅が多いこともあり、乗車距離に比例して運賃が決まる距離比例制運賃を基本としている。また、等級制を廃止しているので、特別車（グリーン）料金を別に設定している。乗車券のほかに特急券とグリーン券が必要となる。したがって、途中でのぞみからこだまに乗り換えるような場合には、のぞみの特急券とこだまの特急券が別々に発行される。指定の列車に乗らなくても自由席ならばオーケーであり、指定席の場合は指定料金を払えば乗れる。

　TGVは駅が少ないことと、TGVだけの乗車のための切符なので、等級別に地帯別、時間帯別運賃を採用している。曜日や時間帯により異なる運賃が設定されているとともに、各種割引制度もある。しかしながら、全席指定であり、指定の列車に乗らないと高額の罰金（10ユーロから35ユーロ）を取られる。

　TGVは予約していても乗らない「No Show」旅客が多いこともあり、ピーク時の座席有効活用のため、1995年から日本を参考にして自由席制度導入に踏み切っている。号車指定、席番なしの乗車券を発行し、空いている席に座ってもらうようにした。もちろん正規の予約乗車券を持っている人が来れば席を譲らなければならない。

項目	TGV	新幹線
基本運賃	三角表によるゾーン別運賃、特急料金、座席指定料金込み	距離比例制運賃＋特急料金＋座席指定料金 運賃は遠距離逓減制採用
等級	1等と2等に分かれ、1等は2等の概ね30％増し	等級制なしのモノクラスであり、グリーン車にはグリーン料金を設定
自由席	基本的に全座席指定、混雑時に、号車指定、席番指定なしの乗車券発行	普通車に自由席設定
繁忙期運賃	曜日、時間帯により4段階の運賃設定	カレンダーで閑散期を指定し、特急券割引
年齢による運賃設定	4-11歳：子供運賃 12-25歳：ユース運賃 60歳以上：シニア運賃	4-11歳：子供運賃
割引制度	各種カードによる割引 発券時期等による割引	ジパング倶楽部等の会員割引
有効期間	2ヵ月	距離により規定
罰金	一律設定	運賃の2倍
その他	1券片に数名連記	1券片は1名

表5-2：運賃制度比較

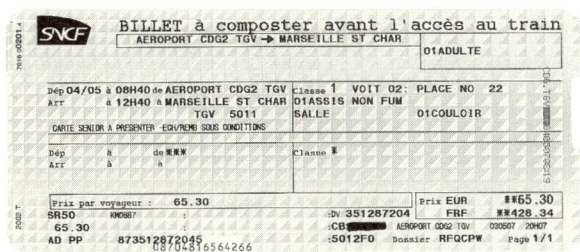

写真5-1：TGVの切符。航空券に似ている

5 営業システム

写真5-2：SNCF駅のヴァリデーター

写真5-3：東京駅新幹線自動改札

改札と検札

TGVを含めてヨーロッパの鉄道には改札口がない。ホームの出入りは自由である。しかし、車内検札は厳しく、無札またはヴァリデーター（刻印機）を通していない乗客は罰金を請求される。

新幹線は在来線との境にも改札口を設け、特急券あるいは入場券所持者以外はホームに入れない。車内検札では乗り越し運賃の精算もできる。無札であっても、よほど悪質でなければお咎めなしである。最近は自動改札機が導入され、自動改札データが車掌に伝送されるので、車内検札も省略の方向にある。

5.3　常に混雑する駅窓口

発車直前に駅に行っても切符が買えるのが新幹線、発車直前では目的の列車に乗れないのがTGVである。

発車直前では切符が買えない

鉄道のシェアが10.5％[6]のフランスでは、多くの人は通勤や長距離旅行にも列車に乗る機会が少ない。したがっ

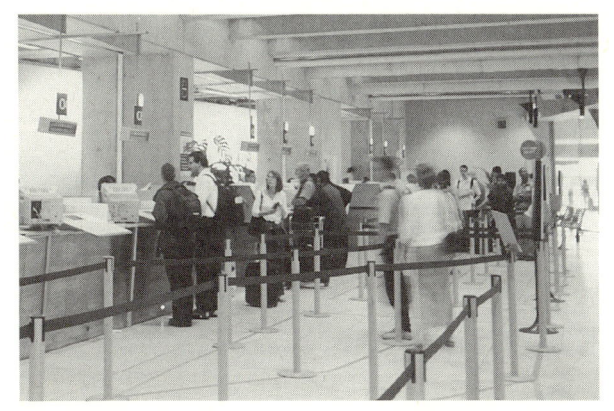

写真5-4：シャルル・ド・ゴール空港駅の切符売場

て、駅窓口では、係員は目的地への列車はいつ出るか、最初の列車が満席ならば次の候補はどれか、どの列車が安いか、割引運賃はないか等々の旅客の質問攻めで大わらわであり、一人当たりの応対時間も長くなる。遅くとも発車30分前には駅に行かないと切符を買えないおそれがある。ただ、インターネットでの切符購入が可能になり、自宅への配達サービスもあることから、最近は駅での相談件数も減っている。駅での受け取りを指定すれば、インターネットによる切符購入は日本からでも可能となっている。

自動券売機

　窓口がダメなら自動券売機でと挑戦するが、こちらも難物である。乗車希望日、行き先、時間帯、1等・2等の別、禁煙か喫煙か、窓側か通路側か、大人か子供か、割引運賃適用かの質問が続き、そのたびにタッチパネルを押し、間

5 営業システム

写真5-5：TGVの自動券売機
　　　　（守田光雄氏提供）

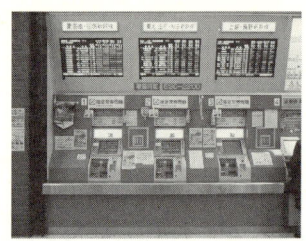

写真5-6：東京駅の新幹線用
　　　　自動券売機

違えたらやり直しとなる。複雑な操作の果てに、運賃が表示され、確認ボタンを押して、初めて現金またはクレジットカードを挿入し、暗証番号を入力して、発券となる。数分間の苦闘の末、乗車券購入となるが、カードが飲み込まれて出てこないこともある。そうすると駅係員と交渉してカードを取り戻すのにさらに時間を費やす。窓口に並ぶのと大差がない場合もある。すべての契約条件を確認したうえでないと、金を出さない欧州人気質が機械にも反映している。

　新幹線の自動券売機のほうが操作し易くなっている。予め定食メニューが用意されており、それから外れない限りは、短時間で処理が行われる。

時刻表がベストセラーの国
　ヨーロッパ人に日本では時刻表がベストセラーというと誰もが首をかしげる。専門家でない限り、分厚い時刻表を使うことはない。国民一人当たりの鉄道利用回数は日本がダントツであり、買うほうも慣れているので、時刻表で事

写真5-7：東京駅のみどりの窓口

前に調べてから駅の窓口に行く人が多い。ネット購入も増えたが窓口購入が多数派である。旅客の協力によって窓口も手間暇かけずにチケット発券が可能となっている。具体的な統計データはないが、TGVと新幹線では窓口の応対時間に10倍の開きがあるように見受けられる。

5.4　インターネットによる切符販売

　インターネットによる列車予約と切符販売はTGVも新幹線も採用している。TGVは予約番号とクレジットカードがあれば、駅窓口または自動券売機で切符を受け取ることができる。新幹線では切符の受け取りは駅窓口・券売機または旅行代理店に限られるが、携帯電話での予約は日本独特のものである。

6　フランス国立統計局INSEEの2007年8月データによる。

6 列車運行システム

6.1 ダイヤと列車種別

　開発コンセプト（2.2参照）でも述べたように、新幹線は回廊型、TGVはツリー型のネットワークを構成している。

回廊型列車の新幹線

　回廊型の場合は、沿線に規模の違う駅が連なっているので、すべての列車を各駅停車とすると遠距離の目的地に行くには時間がかかりすぎる。したがって、需要の多い駅に停車して、途中の駅は通過して遠距離区間の到達時間を短縮する列車が設けられる。東海道新幹線の「のぞみ」は東京‐新大阪間で名古屋、京都等に停車して、東京‐新大阪間を2時間25分で結んでいる。一方、各駅停車の「こだま」は東京‐新大阪間を4時間以上かけて結んでいる。

　このように、新幹線は停車駅が異なる列車を設定しており、それらの区別のため、列車の愛称名も変えている。東海道新幹線「のぞみ」、「ひかり」、「こだま」、東北新幹線「はやて」、「やまびこ」、「なすの」、上越新幹線「とき」、「たにがわ」である。列車本数の少ない長野新幹線は「あさま」の1種類で、列車によって停車駅を変えている。

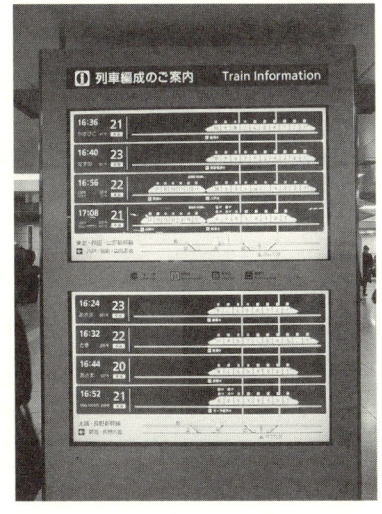

写真6-1：東京駅発車案内表示（東北・上越・長野新幹線）。列車によって愛称、編成や停車駅が異なる

ツリー型列車のTGV

パリと目的地を直接結ぶ列車形態を採用したTGVには各駅停車と快速列車の区別はない。すべてTGVであり、目的地と停車駅を変えているだけである。したがって、乗り間違えたから、途中で下車して次の列車に乗ってという芸当はできない。最悪の場合は、パリなどの始発駅に戻って、次の列車を探すことになる。

ツリー型ではあるが、パリやリヨンを迂回するルートがあるので、フランス北部のリールから大西洋岸のボルドー、地中海岸のマルセイユへの直通列車も運行されている。

6.2　国境を越えるTGV

　新幹線とTGVのもっとも大きな違いは国境を越えるか否かである。海に囲まれた国土に建設された新幹線は国境を越えることができない。もっとも、九州や下関と韓国の釜山を結ぶ海底トンネルが建設されれば、話は別になる。

国境なき高速列車団

　軌間が同じであり、車両限界もUIC規格で統一されているスイス（ベルン、ローザンヌ）、ドイツ（ケルン）、イタリア（ミラノ）にもTGVは乗り入れている。その逆にイタリアの高速列車ペンドリーノもフランス（リヨン）に乗り入れている。英国は大陸よりも一回り小さい車両限界を採用しているので、英国乗り入れはTGVの仲間であるが、特別設計のユーロスターが乗り入れている。

　しかしながら、ドイツのICEは2007年6月までフランスに乗り入れることができなかった。最初に開発された機関車方式のICE1は一軸あたりの質量（軸重）が20tとTGVの17tを大きく上回ったため、乗り入れを拒否された。電車方式のICE3は軸重17t以下になったものの、走行風で線路のバラストを巻き上げるとして、同じく乗り入れ拒否となった。東ヨーロッパ線開業に合わせてICE3の改良を行う条件でパリまでの乗り入れが認められた。

長い歴史はTGVを複雑にする

　TGVはパリやリヨン近郊の在来線走行のため、直流1,500Vと新線走行用の交流25,000V、50Hzの両方に対応

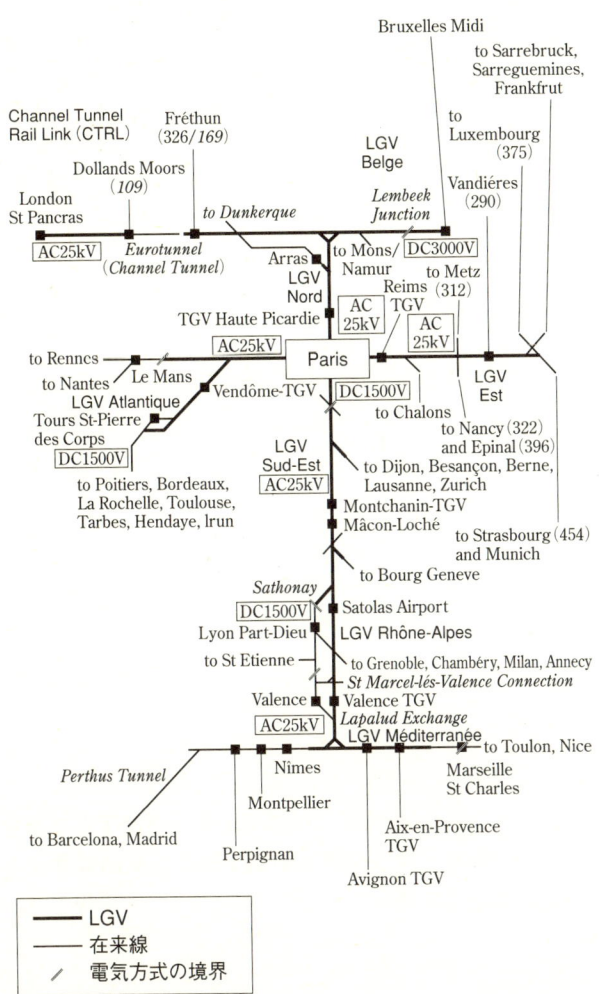

図6-1：TGV国際列車路線網と電気方式（http://trainweb.org/tgvpages/ を一部改変）

6 列車運行システム

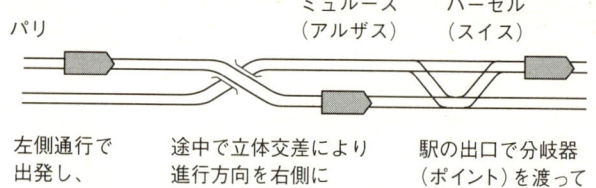

図6-2：パリからアルザス経由のバーゼル行き列車の進行方向。国によって通行方向が異なるので、国境で左右を入れかえる

した駆動システムを採用している。電気方式については7.4に詳しく述べるが、交流は交互に電流の向きが変わり、1秒間に50回変わるものを50Hz（ヘルツ）としている。交互に電流の向きが変わる性質を利用して電圧を容易に変えることができるので、大きなパワーを必要とする高速鉄道では高電圧の交流を電車線から車両に供給している。供給する電気方式は国によってまちまちである。

ヨーロッパの商用電力網は50Hzで統一されているので、60Hzもある日本よりは条件が良いと思われるが、そうは問屋が卸さない。国境を越えると話は難しくなる。ドイツとスイスは交流15kV、16 2/3Hz、イタリアとベルギーは直流3,000V、オランダは直流1,500V、英国はサイドレールを集電用に使った第三軌条直流750Vを採用している。さらに信号も無線も統一されていないので、乗り入れる鉄道に対応した設備をそれぞれ搭載しなければならなくなる（図6-1）。

ホームの高さも異なり、車両の出入台の構造もそれぞれ

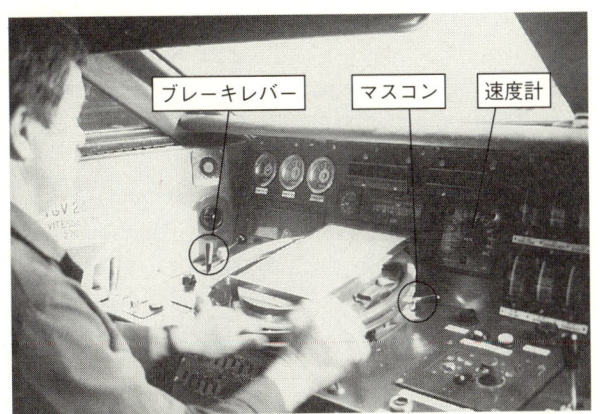

写真6-2:左運転台のTGV-PSE

写真6-3:中央運転台となったTGV-Duplex

の高さに対応して可動するステップを設ける必要があり、車両設計陣の頭を悩ませている。

さらに、通行方向も、フランス、スイス、ベルギー、イタリアおよび英国は左側通行、オランダ、ドイツおよびフランスのアルザス地方は右側通行となっている（図6-2）。

これらの線路を直通運転する場合、運転台の位置に苦労した結果、最新のTGVは左運転台から中央運転台となっている。高速列車開発前は国境で機関車を付け替えるのが普通であったので、大きな問題にはなっていなかった。

ヨーロッパの道路は右側通行なのに、なぜ左側通行が採用されたのか。フランス等の初期の鉄道建設は英国人技術者が行った。このときに英国と同じ左側通行が導入されている。いったんできあがったものを変えるのは難しいので、その後に英国人抜きで作られた鉄道も左側通行が継承されている。地下鉄や路面電車は道路交通と同じ通行方向が採用されているので、話を複雑にしている。

言語摩擦に配慮したTGV

国際列車の場合には、列車の名前にも苦労する。EUが発足し、通貨もユーロに統合されたからといって、言語問題は依然として残っている。長い紛争の歴史の記憶が残っており、それぞれの地域の言語を維持することは文化を維持することに繋がるので、外国語が入ることには強い抵抗がある。まして、ベルギーのように南部のワロン語と北部のフラマン語の住民の間で血みどろの抗争を続けてきたような地域では、言語問題に敏感である。現在の日本人には

写真6-4：ベルギー、オランダ方面への列車は「タリス」と命名された

想像できないことである。したがって、フラマン語地区に乗り入れるためにはフランス語のTGVは使えない。そのため、パリからブリュッセルおよびアムステルダムに乗り入れる高速列車は造語でタリス（Thalys）と命名された。同様に英国乗り入れの高速列車はユーロスター（Eurostar）と命名された。

6.3　混雑時期への対応

　鉄道でも航空機でも特定の時期や時間帯に旅客が集中することは避けられない。しかし、混雑期に合わせて車両や設備を揃えると、人の移動の少ない時期には設備をもてあますことになり不経済である。TGVも新幹線も車両の検査時期を調整して、暇なときに検査をし、混雑期に検査をしないようにして車両をフルに使うようにしている。

6 列車運行システム

増結で対応のTGV

　新幹線は電車方式であるが故に編成両数を自由に変えることができない。普段は中間の車両を抜いておいて、混雑期に増結することは理論的には可能であるが、連結や編成の組み換えには多くの手間と時間がかかるので実際的ではない。通勤電車や近郊電車では運転台付の短い増結用編成を用意しておいて、混雑期に増結するが、先頭部の長い新幹線では運転台が増えると座席数が減少する。また、東海道新幹線のように16両編成でも常に満席状態となっていると、連結両数の変更はできない。したがって、混雑時には列車本数の増発で対応することとなる。元々車両数に余裕があるわけではないので、増発本数には自ずと限度がある。切り札は自由席の立席である。ゴールデンウィーク、お盆休みや年末年始には、その混雑ぶりがテレビニュースに取り上げられる。

　TGVは基本編成を長さ200m、座席数380として、少ない需要に合わせているので、混雑時には2編成を連結して対応している。ホームの長さも2編成連結に合わせて400mとなっている。

　JR東日本のE4系は基本編成を8両にして、需要に合わせて2編成を連結できるようにしている。これは、需要構造が東海道新幹線型ではなく、TGV型に近いことを示している。

運転士もバカンスを取る権利あり

　SNCFが最も頭を悩ますのは、職員のバカンスの割り当てである。年間有給休暇5週間のうち最低3週間は夏季に

119

写真6-5:TGV2編成連結状態

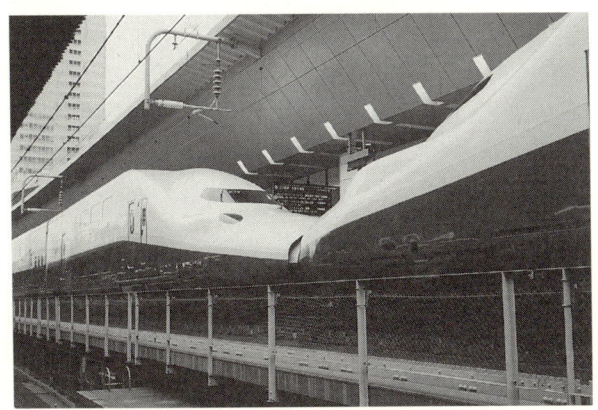

写真6-6:E4系2編成連結状態

連続して取るのが労使双方の義務となっている。したがって、運転士も当然の権利としてバカンスを取る。毎年末に翌年のバカンスの割り当てを行い、列車運行に与える影響を最小限としているが、運転士が足りないときは管理局の課長クラスもTGV等を運転することになる。

新幹線の運転士も有給休暇を取るが、長期休暇は例外的であり、夏季に集中することも少ないので、全体に平均化され、SNCFのような運転士のやりくりに頭を悩ますことは少ないといえる。

6.4 列車運行管理

新幹線は在来線から独立したシステムであるので、列車運行管理も独立している。一方、TGVは在来線とのインターフェースがあり、主要駅については駅が運行管理の中心となっている。

中央集中の新幹線

新幹線は、物理的に在来線から切り離されているので、在来線の制約条件に縛られずに列車運行管理システムを構成することができた。性能の揃った高速旅客電車のみの運行であり、ターミナル駅を含めてシンプルな配線となっている。駅構内および駅間の列車位置検知情報は集中列車制御システム（CTC、Centralized Traffic Control）により中央の列車指令に集められる。ターミナル駅を含めて、各駅の分岐器が中央から遠隔操作で制御される。また、各列車の乗務員とは列車無線によって常時連絡できるようになっている。これらのツールを用いて、どの列車をどのホー

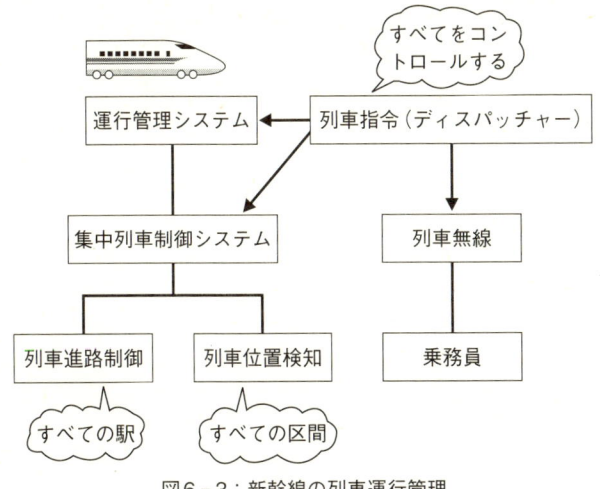

図6-3：新幹線の列車運行管理

ムにいつ進入させるかを中央の列車指令がすべてコントロールし、時刻表どおりの列車運行を実現している。トラブルで列車が遅れた場合も、中央で処理して、遅れ時間が最小限になるようにしている。

東海道新幹線開業当初はマニュアルで制御していたが、コンピューターの発達によって、さまざまなシステムとネットワークを結び、新幹線のデータをリアルタイムで処理し、列車の進路制御、ダイヤ作成と車両や乗務員の運用計画などをコンピューターで管理するようになった。このシステムをコムトラック（COMputer aided TRAffic Control system）といい、情報処理系、進路制御系および運行表示系の3つから構成される（図6-4）。このようにして、駅の進路制御（どのホームあるいは番線に列車を入

6 列車運行システム

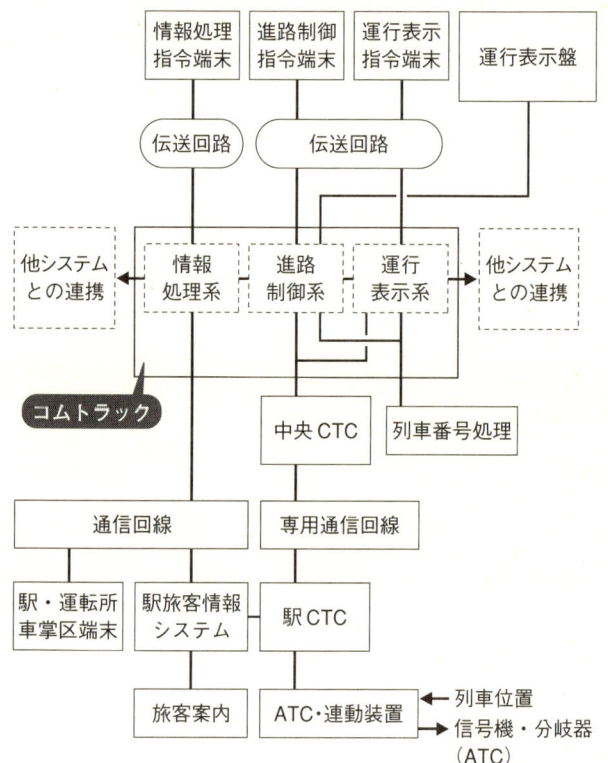

図6-4：新幹線のコムトラック・システム概略構成図

れるか) も自動化されている。列車の遅れに対しても運行管理システムが列車指令に代替案を提示して、人間の判断を仰ぐようになっている。

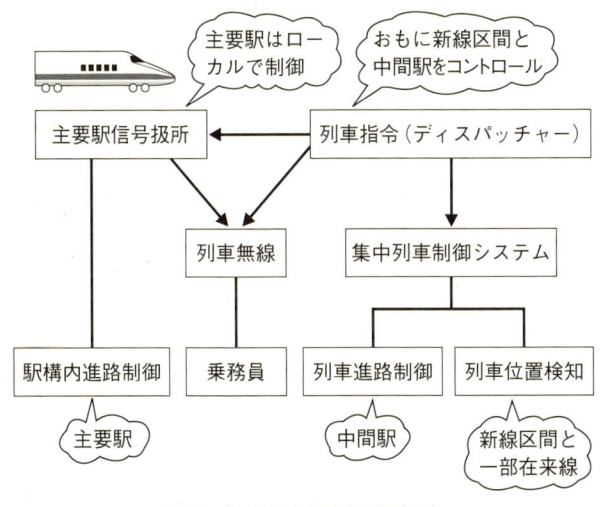

図6-5:TGVの列車運行管理

分散型のTGV

　既存のターミナル駅を使用し、在来線との直通運転が多いことから、TGVの列車運行管理は在来線の制約を受ける。新線区間は列車の位置検知、中間駅の進路制御は集中列車制御システムによって管理されるが、ターミナル等の主要駅はそれぞれの駅の信号扱所が制御している。主要駅は線路も多く、配線も複雑であり、在来線列車も多数発着するので、ローカルに制御する必要があるためである。

　駅の設備容量に比較的余裕があり、それぞれの列車が時刻表どおりに発着しないので、発着ホームはその時々に信号扱所が判断して決めている。このようにして、発車直前でないと出発ホームが確定しないこととなる。

6.5 列車の整備

　東京駅などのターミナルでの折り返し時間は設備容量や定時運行に大きく影響する。TGVは駅のホーム数を多くし、駅での作業時間を確保している。新幹線は少ないホーム数での運行を前提に、折り返し時間を15〜20分と極限まで詰めている。それを支えるのが列車清掃である。清掃係が列車到着を整列して待ち構えるのは日本ならではの光景である。

7 インフラストラクチャー

7.1 建設基準

　軌間はTGV、新幹線とも1,435mmの標準軌を採用している。軌間は正確にはレール頭頂部から14mm下がった部分のレール内側の最短距離として定義されている（図7-1）。

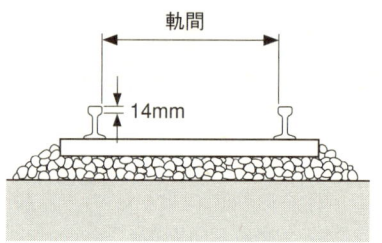

図7-1：軌間

　線路や橋梁の強度の目安となる許容軸重は、新幹線が16t、TGVが17tとなっている。東北・上越新幹線は耐寒耐雪構造のため車両が重くなることから17tとなっている。

　こう配はTGVで35‰が採用されているが、延長を6,000mに制限している。延長を制限していない長野新幹線の30‰、九州新幹線の35‰とは性格が異なる。

項目	TGV	新幹線
許容軸重	250km/h超　17t 250km/h以下　20t	16t 17t（東北・上越）
こう配	25‰（10km以上） 35‰（6,000m以下）	15‰ 30‰（長野） 35‰（九州）
最小曲線半径	8,000m 125m（構内等）	2,500m（東海道） 4,000m 200m（特例）
軌道中心間隔	4.2m	4.2m（東海道） 4.3m（山陽以降）
レール	UIC60kg/m	60N（60kg/m）
ホーム高さ（レール面上）	550mm	1,250mm

表7-1：建設基準比較

　最小曲線半径は最高運転速度に影響する要素であるが、TGVの8,000mに対し、日本は4,000mとなっている。東海道新幹線の2,500mは弾丸列車計画を踏襲したため、通過速度が250km/hに制限されて、輸送上のネックとなっていた。曲線で車体を内側に傾けて走行するN700系が登場して曲線通過速度も直線と同じ270km/hとなった。

　隣り合ったレールの中心間の距離（軌道中心間隔　図7-2）は、TGVと新幹線で車体幅が0.6mも異なっているのにもかかわらず4.2mとほぼ同じ数字となっている。

　ホーム高さは、TGVが在来線乗り入れも考慮しなければならないことから550mmとなっている。フランスの既存駅のホーム高さは300mm、既存車両の床面高さは1,300mmとなっている。車椅子使用者、高齢者等の移動障害者対策としてホーム高さを上げるべきであるとの議論

7　インフラストラクチャー

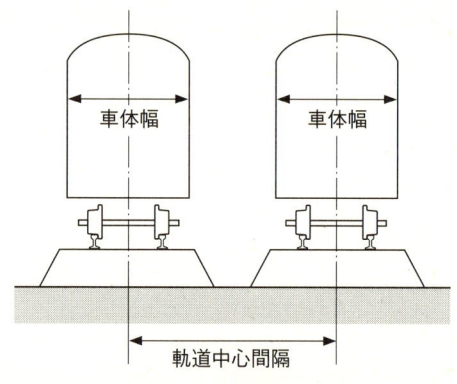

図7-2：軌道中心間隔

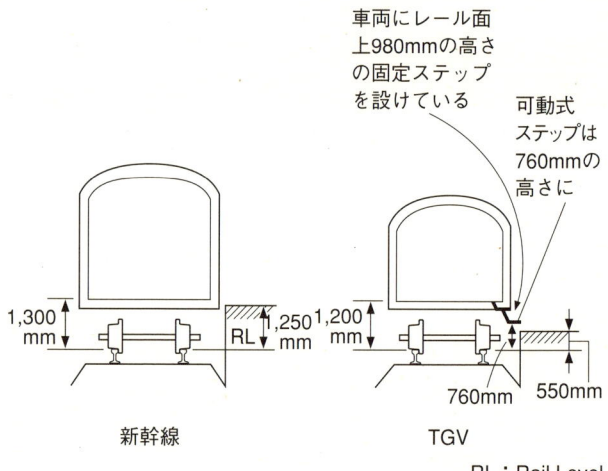

新幹線　　　　　　　TGV

RL：Rail Level

図7-3：ホームと車両床面高さの関係

がヨーロッパでもなされたが、既存設備の改修が難しいとの理由で、TGVはホーム高さ550mmを今後の標準とし、床面高さは1,200mmとなった。既存駅ホームでは可動式ステップが使用される。近年の新駅のホーム高は550mmに上げられている。

7.2 軌道

重い列車が高速で走行するためには頑丈な軌道が必要である。歴史的にはバラスト軌道が広く使われてきたが、日本やドイツでバラスト軌道に代わるものとしてスラブ軌道

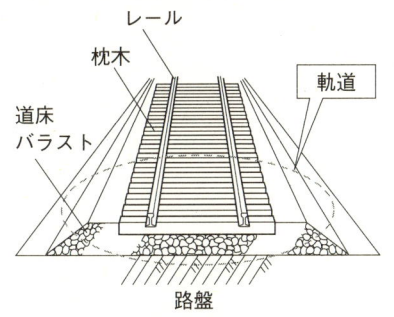

図7-4：バラスト軌道

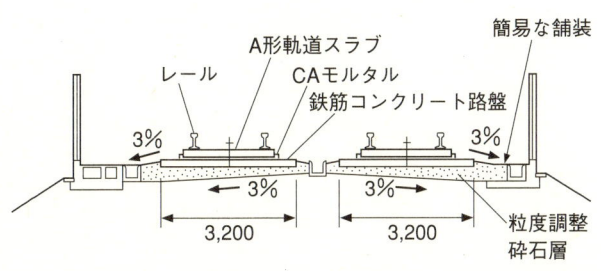

図7-5：スラブ軌道

7 インフラストラクチャー

が開発されている。

バラスト軌道とスラブ軌道の相違

　線路の基本形は土またはコンクリート路盤の上にバラスト（砕石）を敷き、その上に枕木とレールを敷設した「バラスト軌道」である。バラストは列車の振動衝撃を吸収する作用があり、メンテナンスも比較的容易であることから広く使われている。しかし、通過する列車の回数（専門用語では通過トン数で表現している）が多ければ、軌道の破壊量も増えて、メンテナンスの回数や作業量が増えてくる。このため、初期費用は高くなるが、メンテナンス量の少ないスラブ軌道が山陽新幹線から採用されるようになった。

　スラブ軌道はコンクリート路盤の上にコンクリート製のブロック（スラブという）を置き、その上にレールを敷設する。車両の振動と衝撃は路盤とスラブの間に挿入するモルタルで吸収する。

関ケ原はスラブ軌道生みの親

　東海道新幹線開業後、冬季に関ケ原で雪が積もると、車両に付着した氷雪が落下し、バラストを巻き上げて、床下機器の損傷はいうに及ばず、窓ガラスも破損するようになった。高速で走行する新幹線ならではの現象である。抜本的対策はバラストをなくすことであり、山陽新幹線の六甲トンネルでスラブ軌道の試験が行われ、結果が良好であったので、山陽新幹線の博多延伸以降、新幹線には全面的にスラブ軌道が使用されるようになった。

軌道保守費低減に寄与したスラブ軌道

　スラブ軌道は雪対策だけではなく、軌道のメンテナンスにも大きな効果をもたらした。すなわち、線路は平面になるように敷設されるが、列車の走行に伴い、上下、前後、左右方向の力を受けるので、バラスト軌道の場合は、少しずつ平面が崩れ、直線方向にもずれが生じるので、定期的なバラストの突き固めや線路の通り直しといった保守作業が避けられない。しかし、スラブ軌道はコンクリート構造物の上にスラブを敷いてその上に線路を取り付ける構造なので、バラスト軌道のような保守作業はほとんど不要となった。スラブ軌道を敷設するためには、コンクリート路盤を作る必要があり、初期投資が高くなる。しかし、保守費用の削減で経済効果のあることが示され、日本国内で急速に普及するようになった。

バラストにこだわるTGV

　SNCFは乗り心地、沿線騒音対策の観点からバラストは優れているとの信念を持ち、TGVにもバラスト軌道を採用している。積雪量が桁違いに少ないことも影響している。

　列車の走行風によりバラストが巻き上げられる現象は日本やドイツで報告されており、スラブ軌道採用の契機となっているが、フランスは574km/hの高速試験でもバラスト軌道を採用し、問題がないとしている。車両の床下機器配置とカバーの方法にノウハウがあると思われる。

国際競争にさらされるスラブ軌道

スラブ軌道はドイツでも研究され、ドイツ流のスラブ軌道が欧州に普及するようになった。日本流、ドイツ流のスラブ軌道の主導権争いが中国を舞台に始まっている。

7.3 騒音対策

新幹線が最初に直面した問題は騒音であった。200km/hを超える速度の列車の出す騒音は大きな問題を引き起こした。新幹線の歴史は騒音対策の歴史といってもよいほどである。

騒音規制

沿線の騒音規制は日本でもフランスでも行われている。

	TGV(TSI)	新幹線
規制値	250km/h：87dB 300km/h：91dB	Ⅰ類型 (1)：70dB Ⅱ類型 (2)：75dB
地上側騒音対策	防音壁設置 レール研削	防音壁設置 レール研削
車両側対策	パンタグラフカバー 車体表面平滑化 車輪研削	パンタグラフカバー等 車体表面平滑化 機器静音化 車輪研削

(1) 主として住居の用に供される地域で都道府県知事が指定する。東京都の場合は、第1種低層住居専用地域、第2種低層住居専用地域、第1種中高層住居専用地域、第2種中高層住居専用地域、第1種住居地域、第2種住居地域および準住居地域となっている。
(2) 商工業の用に供される地域等Ⅰ以外の地域であって、通常の生活を保全する必要がある地域で、都道府県知事が指定する。東京都の場合は、近隣商業地域、商業地域、準工業地域および工業地域となっている。

表7-2：騒音規制値

新幹線鉄道騒音基準（環境庁告示第46号、昭和50年7月29日）に規定しているのは、軌道中心から25m離れた地点の地上1.2mの高さで、連続して走行する20列車のピーク騒音値を測定し、上位10列車のパワー平均値で規制している。

　ヨーロッパ技術仕様書TSIによれば、TGVは軌道中心から25m離れた地点の地上2.5mの高さで測定したピーク値で規制している。平均値での規制数値も別にあるが、現在はTSIの規制値が使われている。

防音壁と堤

　騒音対策で最も手っ取り早いのは壁を作ることである。初期の車両の床までの高さの防音壁の効果は限られており、列車の速度向上や沿線の人口集中に伴って、壁も少しずつ高くなり、東北・上越新幹線では逆L字形の壁も建設された。最近はそれでも足りずに、上に継ぎ足している。

　沿線の人口の少ないTGVといえども騒音問題は避けられなかった。TGV南東線のときには、防音壁は作られなかった。しかし、大西洋線建設時には、南東線の教訓からパリ市内および近郊に壁が設けられ、トンネルも騒音対策で作られた。既設の南東線についても、パリ近郊のみならず、地方に行っても防音壁が増えている。さすがにデザインの国らしく形にも工夫を凝らしていたが、最近のものは実用性を強く打ち出している。日本のように車窓をさえぎるほど高くはない。また、ドイツやイタリアでは透明な防音壁も採用されている。

　TGV新線は広い用地を活かした防音堤を築いており、

7 インフラストラクチャー

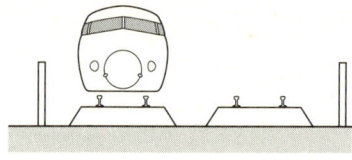

初期のタイプ

東北・上越新幹線で採用されたタイプ
壁の上を内側に曲げて台車周りの騒音を防ぐ

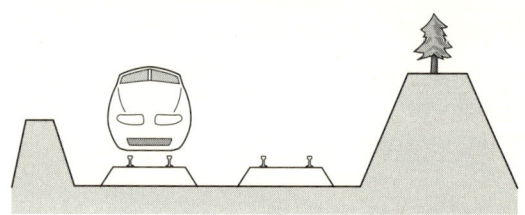

TGVでは日本と同様の防音壁の他に、土地に余裕があるため防音堤も採用

図7-6：防音壁各種、防音堤

ちょっと見ただけでは防音壁には見えない。

レールの研削

　車両の振動により、車輪とレールの接触面にはさまざまな力が働き、レール表面の摩耗状態も均一ではない。極端な場合には波状摩耗や微細な亀裂が発生する。これらは騒音源となり、そのまま放置するとレール折損の原因にもなる。このため、定期的にレール表面を研削する必要があ

る。研削のための機械も導入されている。これは日仏共通である。

7.4 電気システム

　東京や大阪近郊の電車は10両編成で3,000kW程度の出力（JR東日本の205系電車の例）であり、直流1,500Vで2,000Aを集電している。新幹線700系16両1編成の出力は14,400kWである。直流1,500Vでは約10,000Aの電流を集電しなければならないが、交流25,000Vであれば、約600Aの電流を集電すればよい。つまり、高速走行に必要なエネルギー、電力を送るためには電車線（架線）電圧を高くすればよい。そうすれば、電車線を太くする必要もないし、集電装置であるパンタグラフの負担も減る。そのため、新幹線やTGVは交流25,000Vで走っている。

交流電化と直流電化

　100年以上前に電気が使われるようになったときは、工場も一般家庭も直流が供給されていた。交流発電の技術が開発されてから、交流が直流にとってかわった。交流は変圧器によって自由に電圧を変えることができ、送電電圧を高くとることによって長距離送電が可能となるからである。

　しかし、鉄道車両は、低速で大きなトルクを出せ、回転数制御が容易な直流電動機が使いやすい。抵抗器を挿入することによって電動機の電圧制御が簡単に行えるので、直流が広く使われていた。東京、大阪近郊の電車が直流電化となっているのは、そのような歴史的背景からである。弾

7 インフラストラクチャー

丸列車計画のときには直流3,000Vで計画されていた。

交流電化は、1900年代から試みられたが、電動機がネックであった。ドイツやスイスの鉄道で一般に使われている交流15,000V、16 2/3Hzは、交流整流子電動機を車両に使うために考え出された。交流整流子電動機は直流電動機と同じような特性を持っているが、周波数が高くなると整流子から火花が出やすくなるという欠点があった。このため、商用周波数である50Hzの3分の1である16 2/3Hzを使用して、欠点を抑えている。しかし、周波数変換の問題があり、商用周波数での交流電化技術の開発が望まれていた。

商用周波数による交流電化技術の開発は、ハンガリーが手がけた。しかし、第二次大戦が始まると、ドイツがハンガリーの試験設備一切を持って行き、ヘレンタール線で試験を開始した。第二次大戦の終わり頃、フランスはヘレンタール線を含む地域を占領し、試験設備を押収した。フランスは試験を継続し、1950年代に大々的にその成功を発表した。以後、ドイツは商用周波数の交流電化には一切手を出さず、現在でも16 2/3Hzを使用している。

以上述べたように、50Hzや60Hzの商用周波数を用いる技術は1950年代に入って実用化された。フランスがやや早く、その後を追って日本が実用化にこぎつけた。大きなパワーを集電することができるので、交流電化は幹線電化のみならず、高速鉄道までつながる技術である。

交流電化をした当初は、車両の駆動には直流電動機を使用していた。この場合、交流電化の鍵は車両に搭載する変圧器と、交流を直流に変換するコンバーター（整流器）に

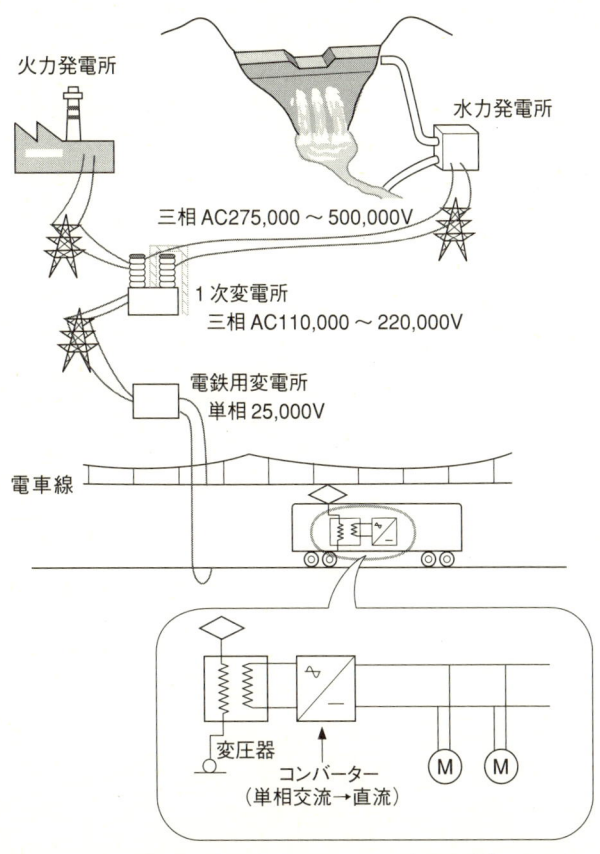

図7-7：交流電化。電車線は1本なので、交流は単相しか送れない。車両の中で単相交流25,000Vを2,000V程度に下げ、コンバーター（整流器）で直流に変換して、電動機を駆動する。変圧器で電圧を制御する

7 インフラストラクチャー

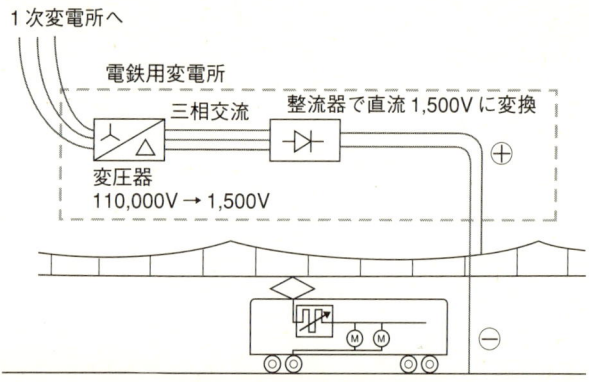

図7-8:直流電化。車両は受電した直流1,500Vで電動機を駆動する。抵抗器を通すことで電圧を制御する

ある。地上の電気鉄道用(以下「電鉄用」という)の変電所の機能を車両に持たせることになるが、いかに小型軽量とするかが難しかった。技術開発の初期には、電動機で発電機を回して交流を直流に変換する装置を車両に搭載した。それらの他に、電動機と発電機を一体のものとして構成した回転変流機による三相交流電動機駆動や交流整流子電動機駆動も試みられた。これらは構造が複雑になり、重くなるので、最終的には変圧器で電圧を下げた交流をコンバーターで直流に変換して直流電動機を駆動する整流器式が主流となった。

交流電化によって電圧を高くできることは、電車に供給するパワーを大きくするとともに、変電所の間隔を数kmから30ないし50kmまで広げることを可能とした。これは電化コストの低減につながる。

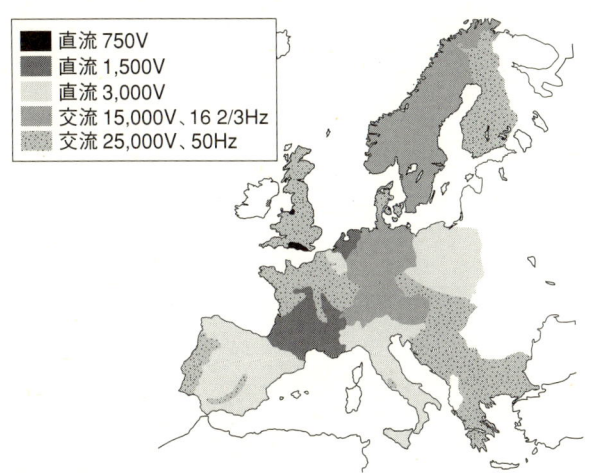

図7-9:ヨーロッパの鉄道電気方式。国や地域によって大きく異なる

現在の電車は直流電車も含めて交流電動機駆動が主流になった。直流をインバーターで三相交流に変換して電動機を制御している。交流電車と直流電車の違いはインバーターの前の変圧器からコンバーター[7]までの有無にある。交流電車は単相交流を受電して直流に変えてから三相に変換するが、直流電車は直流1,500Vを直接受電する。

変圧器とコンバーターが小型軽量になったことで、交流電車の活躍の場が広がった。交流電化ができなければ、新幹線もできなかったであろう。

交流電化は世界の常識

直流3,000Vでがんばっていたベルギーやイタリアも高

速新線は交流25,000Vとすることになった。大きなパワーを送るためには、高電圧で集電電流を小さくできる交流25,000Vが適しているためである。TGVも直流1,500Vや3,000V区間では十分なパワーをとることができないので、最高速度も220km/hとなっている。

日本人留学生がスパイと疑われた

フランスと日本の交流電化実用化時期が近接していたので、当時、フランス政府の給費留学生としてSNCFで実習していた日本人がスパイと疑われた。日本は海外文献で交流電化のことを知り、自力で開発を進めていたが、時期の重なった留学生がスパイと疑われた。以後、SNCFは電気や車両関係の給費留学生の受け入れを拒否し、和解したのは約40年後の1995年であった。

接地するかしないか、それが問題

電気は変電所から送られ、車両で動力に変換されるが、電気そのものは変電所まで戻ってこなければならない。

直流電化区間では、電車線をプラスとし、レールをマイナスとするのが一般的である。レールも変電所のマイナス側につながっている。しかし、多くの電流はレールから漏れて、大地を通って変電所に還っている。この漏れ電流が地中の水道管やガス管に流れて、電蝕という厄介な問題を引き起こす。電流が金属導体に流れ込むと、その部分で金属の電子が外側に流れ出して穴を開ける一種の腐蝕（電蝕）が生じる。レールと平行にマイナス線を敷設して、レールとマイナス線を各所で接続して、漏れ電流を少なくす

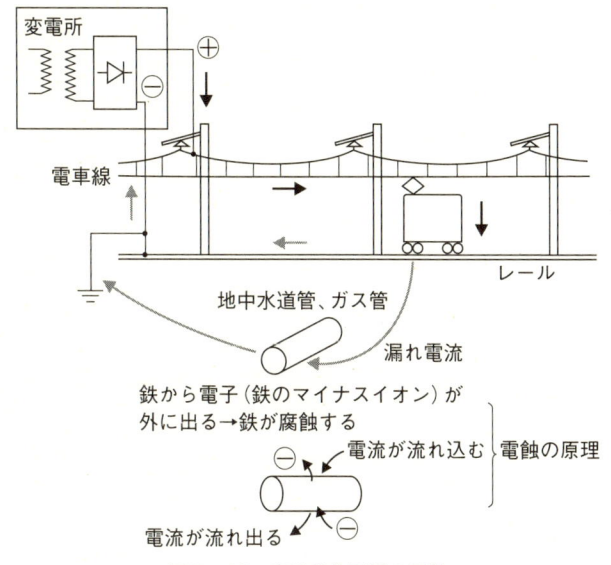

図7-10：直流電化区間の電蝕

ることも行われている。

交流では基本的にプラスとマイナスの区別がないので、電化区間では、変圧器出力の一方を電車線に、他方を負き電線に接続している。負き電線とは電流の戻り道のことである。変電所を出た電流は電車線を通って電車に送られ、負き電線を通って変電所に戻ってくる。ただし、細かく見ると同じ交流電化であっても、日本とフランスは微妙に違う。

TGVは負き電線を直接レールにつないで、変電所に戻すようにしている（直接き電方式）。しかし、この方式では、電磁ノイズが多く発生し、電波障害や信号回路などへ

7 インフラストラクチャー

(1) 直接き電方式

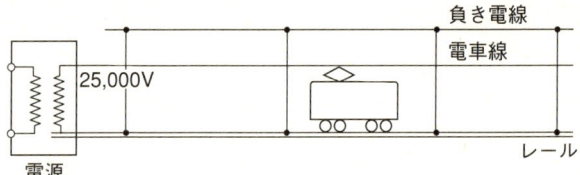

(2) BTき電方式

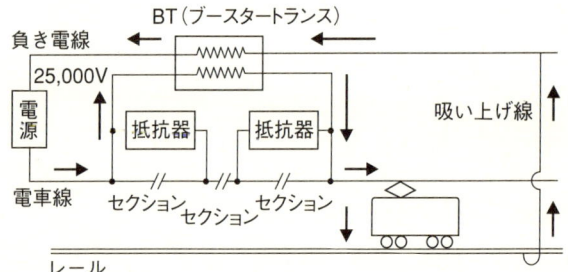

(3) ATき電方式

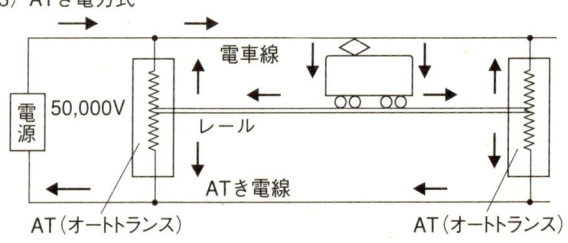

図7-11：き電方式（直接き電、BTき電、ATき電）

の悪影響がある。このため、BTき電方式が開発され、レールの帰路電流をブースタートランス（吸い上げ変圧器、BT）によって積極的に負き電線に吸い上げて、電磁ノイズを低減するようにした。しかし、BTを使用するのは人家密集地のみであり、しかもレールを接地している。レールの電位が上がるのを抑えるためである。一方、新幹線はBTを使用して、レール電流を積極的に負き電線に吸い上げており、レールは接地していない。接地するとレールから漏れた迷走電流が信号機の誤動作を起こさせるというのがその理由である。

その後、日本でもフランスでも、変電所からの送電圧を50,000Vとし、単巻変圧器（オートトランス、AT）の中間点をレールに結び、ATの両端をATき電線としたATき電方式が開発された。電圧を上げることにより、変電所間隔を大きくとることができ、電磁ノイズも低減した。現在では、TGVも新幹線もATき電方式に切り替わっている。より進歩したATき電方式でも接地に対する考え方の差は残っている。信号システムにおける軌道回路の使い方の差も影響している。

列車が通過すれば大電流が流れるので、電磁誘導の原理で駅の手すり等にも誘導電流が流れる。フランス式はすべて接地して、電流を大地に逃がすようにしているが、日本式は浮かせて電流を逃がさない。手すりを触っている人も同じ電位となるので感電しないようになっている。

7 インフラストラクチャー

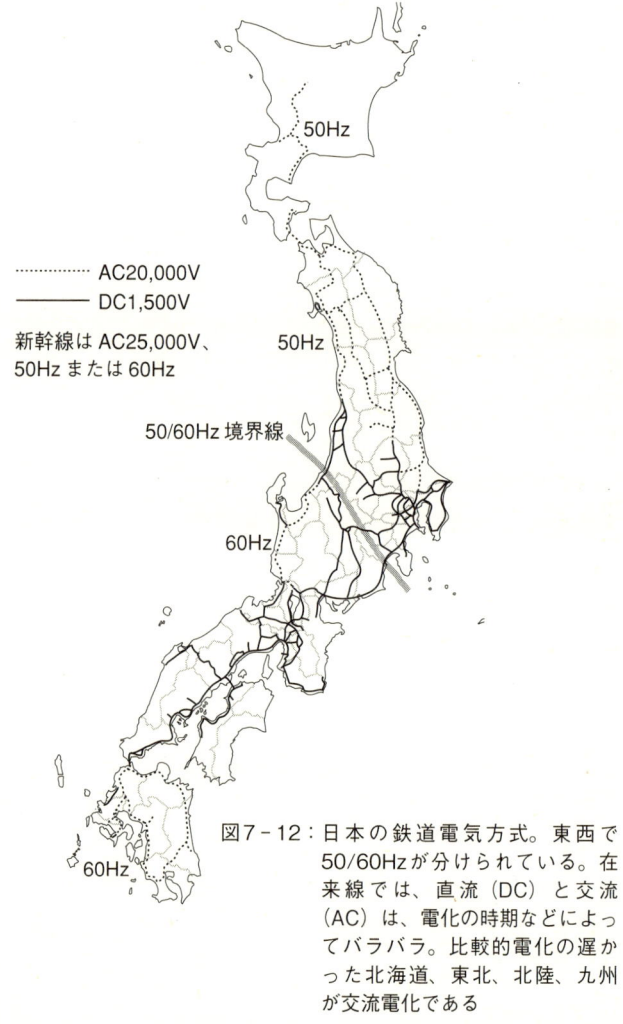

図7-12：日本の鉄道電気方式。東西で50/60Hzが分けられている。在来線では、直流（DC）と交流（AC）は、電化の時期などによってバラバラ。比較的電化の遅かった北海道、東北、北陸、九州が交流電化である

明治から続く新幹線の周波数——東は50Hz、西は60Hzとなぜ決まった

　本州のほぼ半分を分ける形で50Hzと60Hzの周波数の境がある。これは日本独自の問題であり、ほかの国には存在しない。昔の転勤族は引っ越しのたびに、洗濯機や冷蔵庫などの電気製品を改造したり買い替えたりで苦労した。しかし、現在は多くの機器が50/60Hz両用になっているので、苦労はない。東海道新幹線開業時は、周波数をどうするかで議論があり、最終的には、富士川以東の変電所に周波数変換機を設けて、60Hzに変換して給電することになり、落ち着いた。

　その後開通した東北・上越新幹線は50Hzである。

ハイテクは東西の壁を打破

　長野新幹線も50Hzと60Hzの境を通過することはあまり知られていない。軽井沢と佐久平の間に周波数境界があり、E2系新幹線電車は自動的に周波数を切り替えて走行している。VVVFインバーター制御のなせる業である。

セクションの切り替え

　交流電化区間では、変電所の給電区分ごとに電流の位相（波形）が異なるので、境界に交‐交セクション（正しくは交流‐交流セクションというべきであろう）を設けている。新幹線はここにオーバーラップ区間（ラップ区間）を設けて、列車がラップ区間に進入したことを検知するとラップ区間の給電変電所を自動的に切り換えている（図7‐13）。

7 インフラストラクチャー

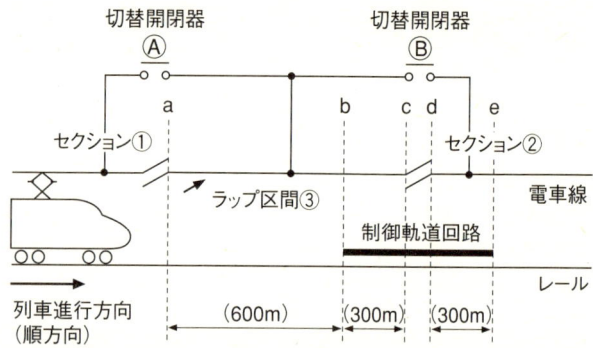

図7-13：新幹線の電源切替（自動切替セクション方式）。開閉器は常時Ⓐが投入、Ⓑが開放されている。このときセクション①は同相。列車が完全にラップ区間③に入り、先頭車軸が制御軌道回路b点を踏むと、開閉器Ⓐが開放されて、c点を踏むと、開閉器Ⓑが投入され、ラップ区間③とセクション②が同相になる

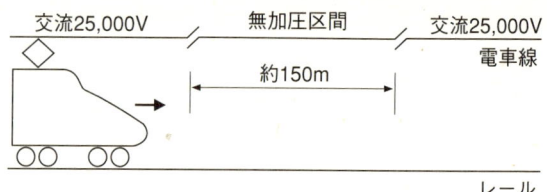

図7-14：TGVの電源切替（交-交セクション方式）。ノッチオフで、無加圧区間を惰行で抜ける

　TGVはこのような自動切替とはなっていないので、交-交セクションの手前でノッチオフ（パワーカット）し、無加圧区間のあるセクション通過後に再度ノッチオンとしている（図7-14）。

7.5 電車線とパンタグラフ

電気車両はディーゼル車両と異なり外部からエネルギーの供給を受けることができる。車両自身の中でエネルギーの発生から駆動まですべて行わなければならないディーゼル車両に比べて有利な点である。また、エネルギー源として石油のほかに水力や原子力を利用できることもメリットのひとつである。しかし、弱点は電車線から電力を集電する手段であり、現在のところ電車線に機械的に接触して集電するパンタグラフに代わるものはない。このメカニズムが高速化の障害にもなっている。

パンタグラフの動作

パンタグラフには菱形やシングルアーム型がある。菱形を例に単純化すると、4本のリンク、ばねおよび集電舟から構成される。下側のリンクをばねで引っ張ると、上側のリンクが絞りあげられて、集電舟を押し上げる方向の力が働く。集電舟と上側のリンクの間のばねは集電舟が傾くのを防ぐためのものである。シングルアーム型も、この原理で理解できる（図7-15）。

パンタグラフと電車線の動的関係

電車線は2.5kN程度の力で引っ張られているが、パンタグラフが通過すると、パンタグラフで電車線が押し上げられる。パンタグラフが高速で通過すると押し上げられた変位が前後に波のように伝播する。パンタグラフが複数あれば、最初のパンタグラフがつくった波は後のパンタグラフ

7 インフラストラクチャー

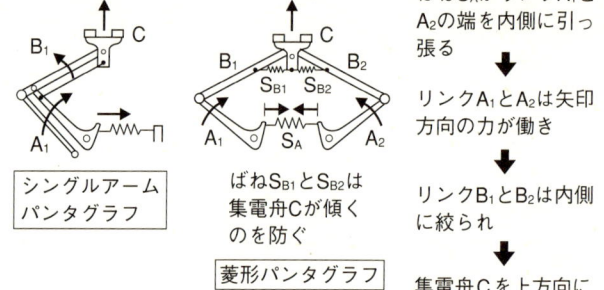

図7-15：パンタグラフの動作

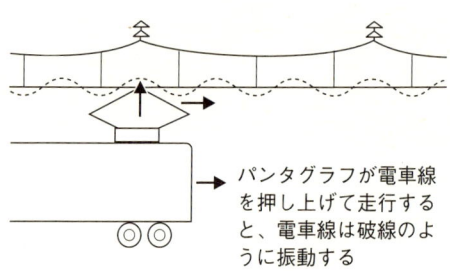

図7-16：パンタグラフと電車線の関係

に影響を及ぼす（図7-16）。

　速度が低ければパンタグラフは波に追従することができるが、高速ではパンタグラフが波に追従するのは難しくなる。そのため、パンタグラフのばねと質量のバランスをいかにとるかが設計上の課題となる。

149

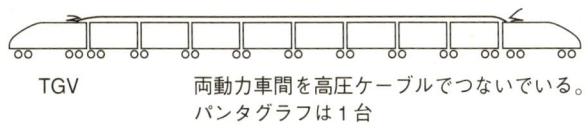

TGV　　　　　両動力車間を高圧ケーブルでつないでいる。
　　　　　　　パンタグラフは1台

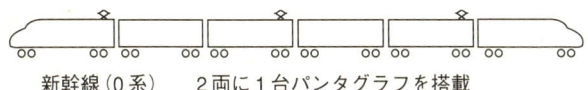

新幹線（0系）　2両に1台パンタグラフを搭載

図7-17：パンタグラフの配置比較

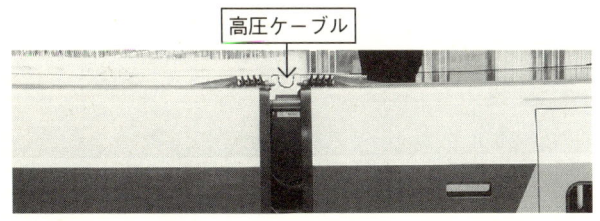

写真7-1：屋根上に引き通された高圧ケーブル（TGV-A）

大技のフランス対小技の日本

機関車牽引の伝統から、フランスは電車線の張力を1.0kNと低くし、パンタグラフが電車線を押し上げる力を80〜120Nと大きくしている。1台または2台のパンタグラフが電車線を押し上げながら走行するようにして、パンタグラフが電車線から離れてアークや火花を出す「離線」を少なくしている。

一方、日本は電車列車主体で、1つの列車に搭載するパンタグラフの数が多くなるので、パンタグラフによって電車線が持ち上げられないように、張力を2.5kN程度に高くするとともに、パンタグラフの押し上げ力を55N程度に

7 インフラストラクチャー

小さくして、パンタグラフのばね特性で離線を少なくするようにしている。このように設計思想が全く異なっている。

　TGVは交流区間走行時には一編成にパンタグラフ1台（常に編成後部）であり、屋根上に高圧ケーブルを引き通して、両端の動力車を電気的につないでいる（写真7-1）。2編成を連結したときには、両方の編成でそれぞれ1つずつのパンタグラフを使用する。

　一方、新幹線は一編成にパンタグラフを複数台設けている。0系から100系までは2両に1台のパンタグラフであり、16両編成では8台のパンタグラフを設けていた。このときにはそれぞれのパンタグラフは電気的に独立していた（図7-17）。

　しかし、パンタグラフは騒音源になるとともに、瞬間的にパンタグラフが電車線から離れる微小離線でアークを発生させ、アークにより電車線の銅が消耗することによって、電車線の寿命も短くしていた。パンタグラフと電車線の電気的、力学的作用についての研究の成果から、TGVのように高圧ケーブルを屋根上に引き通して、2台のパンタグラフと編成中の車両の変圧器を電気的につなぐようになった。また、一編成にパンタグラフ2台、それぞれの間隔は50m以上とすることが騒音対策、アーク減少の面から効果的であることが分かり、現在の新幹線電車は一編成にパンタグラフ2台が標準となっている。

　TGVは在来線に乗り入れるため、在来線の電車線高さの変動に追従する必要がある。そのため、最初期型であるTGV-SE（1981年〜）ではAMDE形二段式パンタグラフ

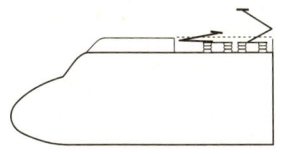 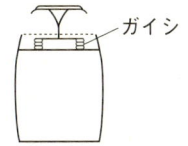

TGVのパンタグラフ。シングルアームとして、屋根上に2台搭載し、異なる電化区間ごとにパンタグラフを使い分けている。パンタグラフのガイシ部はカバー(点線)でおおい、ガイシ周りの渦による騒音発生を抑制している

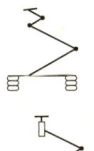

AMDE形二段式パンタグラフ。電車線高さの大きな変位には大型パンタグラフで追従し、高速走行時の高周波の微小変位には小型パンタグラフで追従している

TGV-Aからは一段式パンタグラフとなり、パンタグラフ上部のばね装置で上記の小型パンタグラフと同じ機能を果たしている(GPU形、Cx形)

図7-18:TGVのパンタグラフ騒音対策

が開発され、比較的低速の在来線では可動範囲の大きい下枠で追従し、高速新線では上枠で微小変位に追従している。構造が複雑となったので、TGV-A(1989年〜)では、AMDE形の上枠の機能を大きな筒の内部のばねで代替したGPU形パンタグラフが開発された。TGV-R(1993年〜)およびTGV-Duplex(1996年〜)ではパンタグラフの押し上げ力を電気的に制御するCx形パンタグラフが開発され、パンタグラフの質量は約半分の105kgとなった(図7-18)。なお、TGVのガイシ部分は最初からカバーされており、新幹線のようなパンタグラフカバーは採用されていない。

　新幹線は最初から電車線高さを一定に建設したため、微

7 インフラストラクチャー

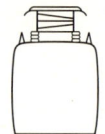

新幹線0系〜200系のPS201形パンタグラフ。交差枠型として、屋根上に1台搭載。交流25,000V専用で、新線のみ走行のため、電車線高さをほぼ一定とすることができたので、パンタグラフを小型化した。支持ガイシ周りのカルマン渦による騒音低減のためパンタグラフカバーを後から取り付けたが、スペースの制約から十分な効果が得られたとはいえない

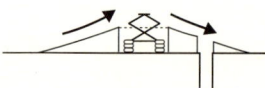

300系、E2系ではパンタグラフ前後にスロープ状のカバーを設け、パンタグラフに走行中の気流が当たらないようにして騒音低減を図った。いくつかのバリエーションがある

500系は翼型パンタグラフにより騒音低減を図る

E3系、700系ではシングルアームパンタグラフとして、パンタグラフ枠による騒音低減を図る

E2-1000、800系は支持ガイシの形そのものを変えて空気抵抗と騒音低減をねらう。パンタグラフカバーも不要となった

図7-19:新幹線のパンタグラフ騒音対策

写真7-2:TGV-AのGPU形パンタグラフ(守田光雄氏提供)

写真7-3:GPU形パンタグラフを上から見る。2台収容されているのが分かる

7 インフラストラクチャー

写真7-4：500系のパンタグラフ。翼型が特徴

写真7-5：新幹線700系のパンタグラフ。シングルアームで、カバーも設けられている

写真7-6：新幹線E2系1000番台のパンタグラフ。支持ガイシ部分にもカバーがない

小変位のみに追従するよう小型の枠組みの下枠交差式PS201形パンタグラフを採用している。

新幹線はパンタグラフおよび支持ガイシから発生する空力音が問題となり、PS201形を踏襲しつつ、300系およびE2系では、パンタグラフカバーやパンタグラフの構造に工夫が凝らされた。全二階建のE1系やE4系では屋根が高いため、パンタグラフ枠の大部分と支持ガイシは屋根と同じ高さのカバーで覆われている。

大きな変化はJR西日本の開発した500系用パンタグラフであった。従来のばねとリンク機構ではなく、油圧シリンダーで直接集電舟を押し上げ、押し上げ力とストロークの制御を電気油圧系で行った。パンタグラフの断面積は小さくなり、300km/h運転での騒音低減に寄与した。しかし、構造が複雑となるので、JR東日本のE3系ではパンタグラフの断面積を小さくするために、日本の高速列車として初めてシングルアームを採用した。これでもガイシカバーは必要であった。JR東海の700系もシングルアームとその変形がN700系である。究極の姿はE2系1000番台（はやて）の支持ガイシとシングルアームの組み合わせであり、ガイシカバーを不要としている。同じ構造はJR九州の800系にも採用されている（図7-19）。

7.6　信号システム

肉眼で信号を見ることができるのは数百メートル先までである。200km/h以上の高速列車はブレーキをかけてから停まるまで、2km以上を要する。しかし、2km以上先の信号を見て運転することはほとんど不可能である。その

7 インフラストラクチャー

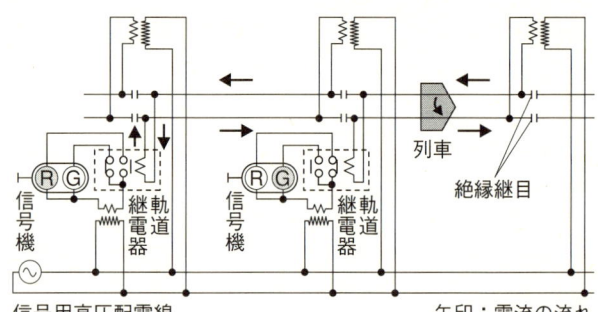

図7-20：軌道回路には常に電流が流れており、それを軌道継電器がチェックしている。列車がなければ、継電器は動作（オン）しており、後方の列車に対し進行信号（G）を表示する。列車があれば、車軸で両方のレールが短絡されるので、継電器入力電源はなくなり、継電器は切（オフ）となる。オフの場合は後方の列車に対し、停止信号（R）を表示する

ため、車内に信号を表示し、必要に応じて自動的にブレーキをかけるシステム（ATCまたはTVM）が開発され、高速列車に採用されている。

列車の位置検知

　地上側で線路のどこに列車がいるかを検知するためには、2つの方法が用いられる。軌道回路とアクスル（車軸）カウンターである。

　軌道回路は線路を信号の区間の長さに合わせて電気的に絶縁し、その区間（閉塞区間）に列車の前方の始端から信号電流を流しておく。列車がその区間に入ると、レールとレールの間が車輪と車軸で短絡されるので、軌道回路終端

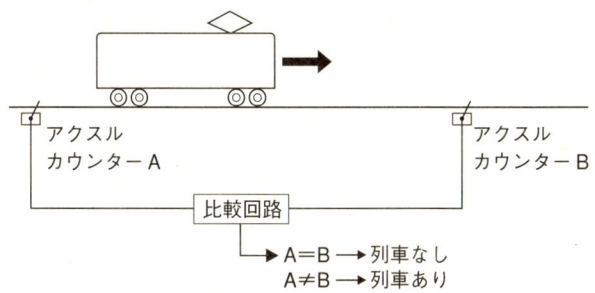

図7-21:アクスルカウンターを使用した自動信号システム

(列車の後方)で電流の有無を検知することによって、その区間に列車が有るか無いかを判定する(図7-20)。レールには、信号電流のほかに列車を駆動する電流が変電所に戻るリターン電流も流れているので、両者を分別する必要がある。そのため、信号電流として電源電流の周波数よりも高い周波数を使用し、フィルターによって信号電流をピックアップしている。また、列車先頭部に受電器(アンテナ)を設ければ、それによって信号電流を列車自身が検知できる。したがって、信号電流の振幅(AM変調)や周波数(FM変調)を変えることによって、信号種別や先行列車の位置といった情報を車両側に伝送できるので、列車位置検知のほか列車制御にも使うことができる。

アクスルカウンターは、軌道回路に相当する区間の始端と終端にそこを通過する車軸数をカウントするカウンターを設け、始端のカウンターと終端のカウンターが一致していればその区間に列車なし、不一致であればその区間に列車ありと判定する(図7-21)。文字通り車軸数をカウン

トするので、レールの絶縁が不要であり、電源電流とも関係なくなるので、ヨーロッパを中心に広い範囲で使用されている。TGVも駅構内の列車位置検知にアクスルカウンターを用いている。

しかし、列車の位置検知の機能のみなので、列車制御には軌道回路やトランスポンダーを使う必要がある。トランスポンダーはバリスともいい、地上においた受信・発信機と車両との間で信号、線路条件や位置情報の伝送を行うもので、レールとレールの間に設置され、信号機あるいは情報制御装置とケーブルで接続されている。

全自動か半自動か——ATCにみるお国柄の違い

新幹線は誕生のときから機械優先の自動列車制御装置（ATC、Automatic Train Control）を導入した。高速から停止する際に、人間の判断力に頼っていては安全が保てないとの考えからである。この結果、乗務員の仕事は列車の加速と駅到着時の停止位置合わせだけとなっている。乗務員は駅を出発し、信号の指示する最高速度まで加速し、そのあとは許容速度の範囲内で速度を調整することができる。信号がより低い速度を指示する場合はATCが自動的にブレーキを動作させて指示速度以下に減速し、自動的にブレーキを緩める。このように次の停車駅までは、乗務員は加速と速度調整のみを行う。停車駅での停止位置合わせも30km/hまでATCで減速した後の操作に限られている。すなわち、ATCで30km/hまで減速した後に確認操作を行わなければ、ホーム終端で自動的に非常ブレーキが動作して、停止するようになっている。

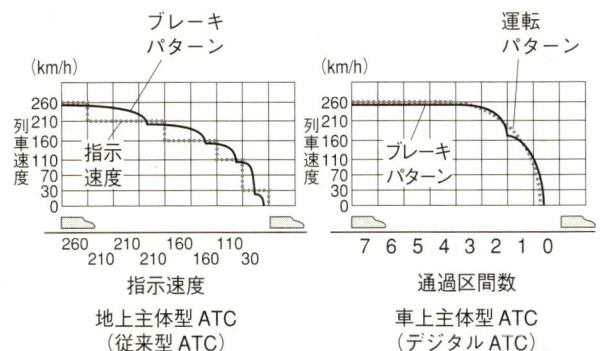

図7-22：従来型ATCは地上装置が主体となり列車制御をしたので「地上主体型」と呼ばれ、新しいデジタルATCは車上装置内でブレーキパターンを発生させて車上装置が主体となって列車制御するので、「車上主体型」と呼ばれる。従来型では指示速度ごとに減速したが、デジタルATCでは、先行列車との距離や速度などから車上装置内で最適なブレーキパターンになるよう計算し、滑らかに減速する

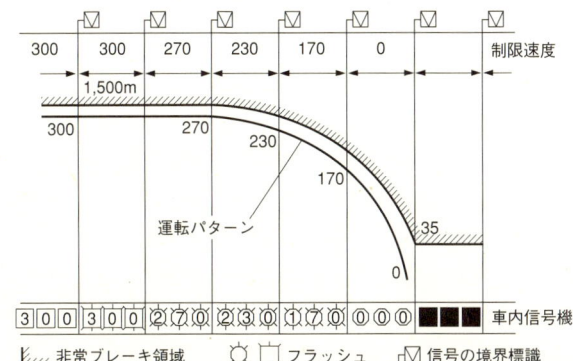

図7-23：北ヨーロッパ線用TVM430システム。ブレーキパターンの発生は車上装置であり、車内信号機の表示を見ながら、運転士が自分で減速する。非常ブレーキ領域にかかると信号システムがブレーキを動作させる

7 インフラストラクチャー

写真7-7：TGV信号境界標識

最近までは、ATCやブレーキ制御装置の故障も考慮して、最高速度から停止まで数段階でブレーキ動作、緩めを繰り返していた。デジタル伝送技術の進歩により、地上から車両へ伝送する情報量を増やすことができ、機器の信頼性も向上したので、最高速度から停止まで1回のブレーキ動作とする1段ブレーキのデジタルATCも採用されるようになってきた（図7-22）。

一方、TGVに使用しているTVM430自動列車制御装置は、車内信号機で信号変化の予告をして、乗務員の操作が遅れたときにのみ機械が介入して非常ブレーキをかけてバックアップしている。このため、地上にも信号の境界標識を設置して、ブレーキ操作の目安としている。TVM430の場合は、信号の1セクション相当の余裕をとる必要があるので、列車間隔を詰める上では不利となるが、乗務員の意識を高めることができる。

列車の運行密度や線路の見通しの問題があるので、どちらがよいともいえない。

双方向運転

新幹線もTGVも複線で建設されているが、この複線をどのように使うかに差がある。新幹線は複線のそれぞれを

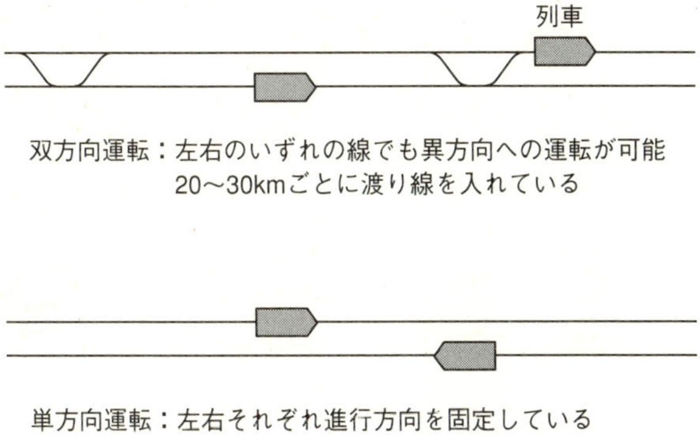

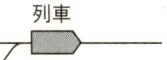

双方向運転:左右のいずれの線でも異方向への運転が可能
20〜30kmごとに渡り線を入れている

単方向運転:左右それぞれ進行方向を固定している

図7-24:双方向運転(TGV)と単方向運転(新幹線)

一方通行にして、左側通行であれば右側の線路を同じ方向の列車が走行することはない(単方向運転)。

TGVは単線並列としており、どちらの線路でも双方向に列車を運行することができる(双方向運転)。列車の行き違いのために、20〜30kmごとに上下線間に渡り線を入れている。こうすることで、たとえば下り線で保守工事をする場合、その区間は上り線だけで上下双方向の運転をすることができる(図7-24)。信号設備としては複雑になるが、線路保守や事故のことを考えて弾力性を持たせるという考えが根底にあり、在来線でも古くから採用されている。この相違が台湾等の高速鉄道の仕様を決める際に問題となった。

7.7 インフラの保守

軌道検測車とドクターイエロー

高速走行を行う線路、電車線、信号および通信設備の点

7 インフラストラクチャー

写真7-8：East-i（JR東日本）

検、保守は安全かつ快適な高速車両運行に必要不可欠である。

　新幹線は東海道新幹線開業当初、軌道状態の検査、測定を走行中に行う軌道検測車を開発して使用していた。しかし、電気設備等の検査は別に行っていた。列車運行回数が増え、保守量が増加するに伴い、軌道、電気、信号および通信設備の測定を高能率で行う必要が生じ、電気・軌道総合検測車「ドクターイエロー」が開発された。電車であり、営業列車と同じ速度で走行し、各種データをコンピューターで処理してインフラの状態を診断している。

　ドクターイエローは3世代目に入り、速度270km/hとなり、情報処理速度も上がって、新幹線のインフラ保守に貢献している。ドクターイエローはJR東海とJR西日本での名称であり、JR東日本はEast-iとしている。

　TGVは東海道新幹線開業当初と同じ状態で、軌道検測車を機関車牽引で使っている。

夜間保守と昼間の保守

　東海道新幹線の計画段階では、夜間に貨物電車を走らせる構想があったが、現在、夜間はインフラ保守時間帯としている。終電から始発までの間に、線路、電車線、信号設備等を保守している。保守作業完了後、営業運転開始の前に全線に確認車を走らせて、安全性を確認している。

　TGVは双方向運転を行える設備となっているので、それを使った昼間の保守を行っているかといえば、答えはノンである。保守作業の横を高速で列車を運行することは安全上できない。多くの作業は夜間作業または列車を運休しての作業となる。線路の幅が同じであることは、保守作業中の迂回ルートの選択肢が増えることになり、ダイヤ変更により在来線を迂回するTGVが運転される。

7.8　車両基地と車両保守

車両保守の体系

　新幹線電車の検査体系は、48時間以内の仕業検査、30日または3万kmごとの交番検査、12ヵ月または45万kmごとの台車検査、24ヵ月または90万kmごとの全般検査から構成されている。一部では台車検査60万km、全般検査120万kmとすることも試みられている。毎日1,500km走行している新幹線電車では、90万kmは20ヵ月、2年弱である。この周期で車体修繕、機器の全般検査を繰り返し行っている（図7-25）。

　更新修繕は制度化されておらず、営業政策から決定され、200系は新造後約16年で一部の編成について更新修繕が行われた。

7 インフラストラクチャー

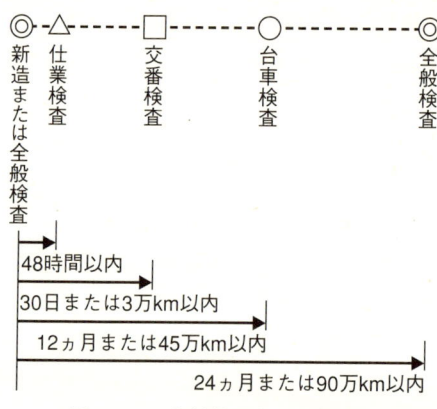

図7-25：新幹線電車の検査体系

　TGVは、検査と修繕を分け、大修繕は6年ごとに行い、18年目には更新修繕を行っている（図7-26）。更新修繕に達したのはTGV-SEのみであるが、車体修繕のほか、一部は300km/h運転に対応した信号設備取り替え、電動機の改造も行われている。更新修繕後は、車体もオレンジからメタリックグレーに変えられている。

　新幹線はおおむね13～15年で廃車にしているが、TGVは30年使用する予定となっている。新幹線の寿命が短いのは、トンネル通過に伴う車体の物理的疲労のほかに、日本の変化が早すぎ、輸送需要の変化に対応するには新車のほうが効率的との判断がある。

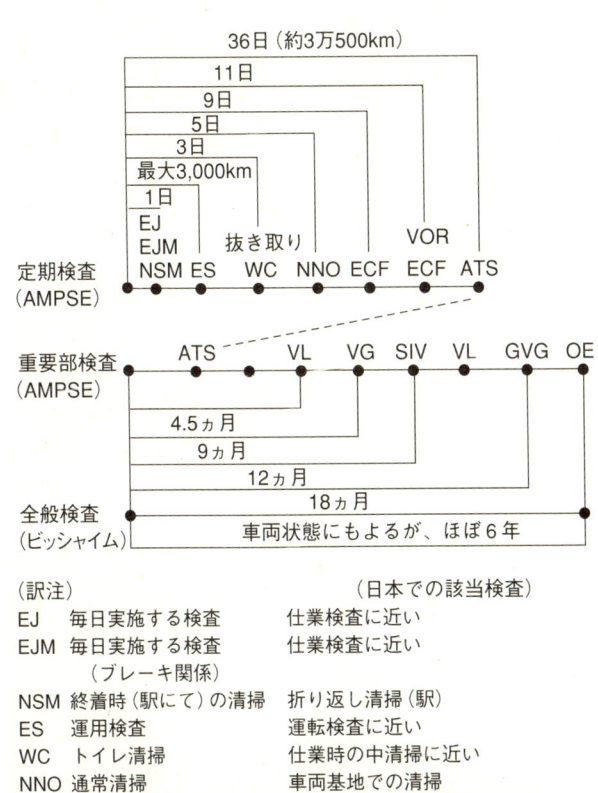

(訳注) 　　　　　　　　　　　　　　（日本での該当検査）
EJ　　毎日実施する検査　　　　　仕業検査に近い
EJM　毎日実施する検査　　　　　仕業検査に近い
　　　（ブレーキ関係）
NSM　終着時（駅にて）の清掃　　折り返し清掃（駅）
ES　　運用検査　　　　　　　　　運転検査に近い
WC　　トイレ清掃　　　　　　　　仕業時の中清掃に近い
NNO　通常清掃　　　　　　　　　車両基地での清掃
ECF　快適性検査　　　　　　　　仕業時のサービス機器点検
VOR　走り装置の検査　　　　　　仕業時の台車関係、摩耗部品等検査
ATS　駆動装置等の検査　　　　　交番検査に近い
VL　　部分検査　　　　　　　　　交番検査時の摩耗部品等検査
VG　　一般検査　　　　　　　　　交番検査時の機能検査
SIV　　旅客車室内特別検査　　　　交番検査の大掃除
GVG　大規模一般検査　　　　　　全般検査に近い（詳細機能検査）
OE　　車体保全　　　　　　　　　全般検査に近い（室内外修繕）

図7-26：TGV南東線車両の検査体系

7 インフラストラクチャー

写真7-9:仕業交番検査線を通る800系(JR九州川内新幹線車両センター)

写真7-10:車体の補修
(JR東日本新幹線総合車両センター)

写真7-11:車軸探傷(同右)

新幹線の車両基地

　新幹線電車の保守は車両所（または車両センター）と工場（または総合車両センター）で行われる。東海道新幹線開業時は、仕業検査および交番検査は車両所（東京、名古屋、大阪）で行い、台車検査は東京と大阪車両所で行い、台車検査で交換した輪軸の修繕と全般検査を浜松工場で行っていた。工場を所管している工場部門と車両所を所管している運転部門の業務範囲に従った区分であった。車両所では検査のほかに、日常点検、清掃、給水、汚水抜き取りも行う。

　山陽新幹線の博多開業に合わせて新設された博多総合車両所は運転部門と工場部門の検査業務を1ヵ所で行うようにした。すなわち、仕業検査、交番検査、台車検査および全般検査を行う設備であった。しかし、国鉄時代は部門間の縄張り意識が強く、検査一元化の理想は実現しなかった。山陽新幹線では、このほかに岡山車両所が設置されている。

　東北・上越新幹線開業に合わせて建設された仙台車両基地は、仙台車両所と仙台工場の2つに分かれて建設された。同じ敷地で共用部分が多いにもかかわらず別組織となった。JR発足後になって、博多も仙台も最初の構想による検査一元化が実現した。上越新幹線には新潟に運転所が設置されている。

　長野新幹線長野車両所は全般検査を仙台で行う前提で、台車検査までを行う設備である。

　JR東日本は2004年4月の組織改正で工場を総合車両センター、車両所を車両センターに名称を変更している。こ

7 インフラストラクチャー

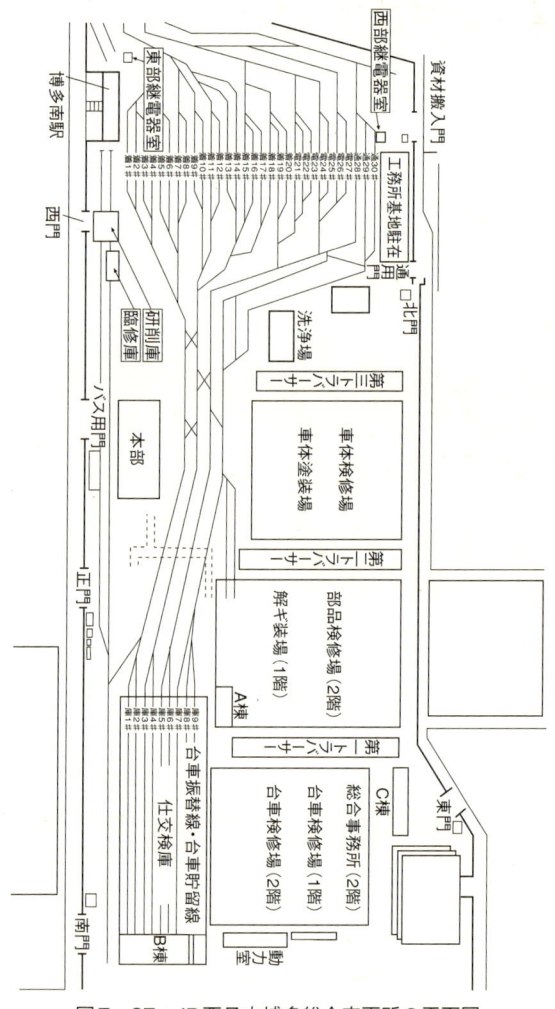

図7-27：JR西日本博多総合車両所の平面図

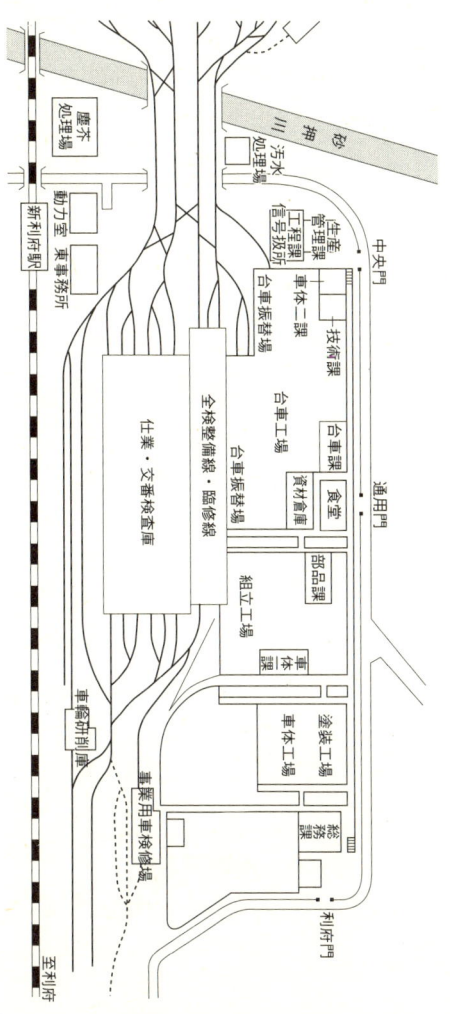

図7-28：JR東日本新幹線総合車両センターの平面図

7 インフラストラクチャー

番号	線名
❶	回送線
❷	引上線
❸	試験車留置線
❹	着発3番線
❺	着発2番線
❻	着発1番線
❼	車輪転削線
❽	仕業検査線
❾	交番検査線
❿	全般検査線
⓫	臨時修繕線
⓬	事業用車線

車両基地

番号	線名
❶	保守用車留置線
❷	保守用車留置線
❸	材料線
❹	確認車留置線
❺	確認車留置線
❻	保守用車検修線
❼	引上線

保守基地

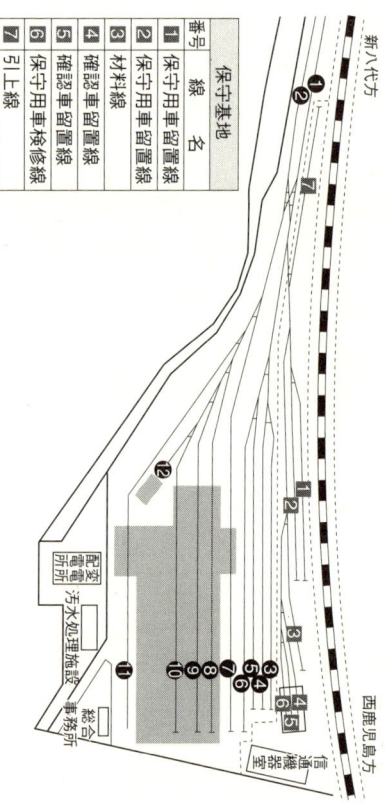

図7-29：JR九州川内新幹線車両センターの平面図

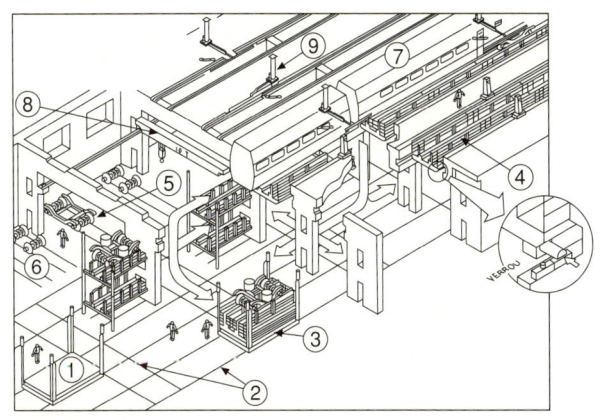

① 昇降テーブル
② 昇降テーブル走行軌条
③ 可動レール及び台車搭載の昇降テーブル
④ 可動レール取付時のピット線
⑤ 台車貯留場
⑥ 台車、車輪検査及び貯留場
⑦ TGV列車
⑧ クレーン
⑨ 可動架線

図7-30：TGV北ヨーロッパ線用ランディ車両基地の機器交換線。主要機器の修繕、交換を効率的にできる

のときに、仙台総合車両所は新幹線総合車両センターとなり、仙台の文字が消えている。

　九州新幹線川内基地は、同新幹線の車両数が少ないことから、部品の検査および修繕を在来線の鹿児島車両センターで行う前提で、最小限の設備で発足している。

TGVの車両基地

　SNCFは車両牽引局で車両保守を一元管理しているので、検査はすべて車両基地で行い、部品修繕および大修繕

7 インフラストラクチャー

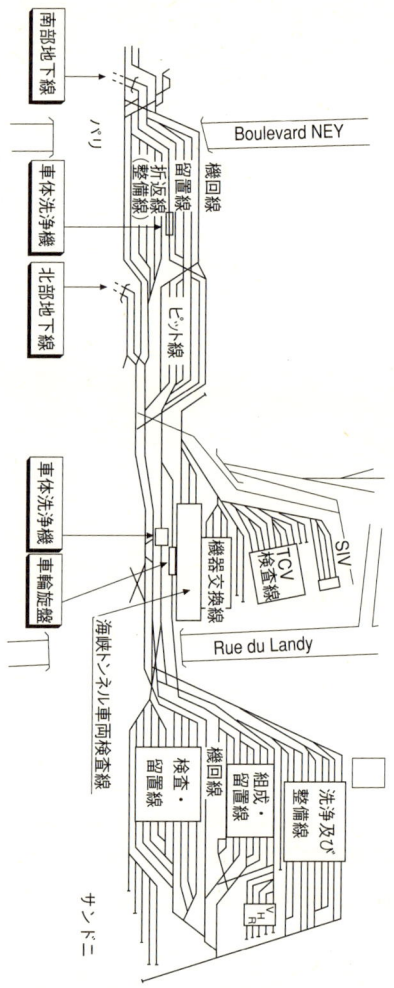

図7-31：ランディ車両基地の平面図

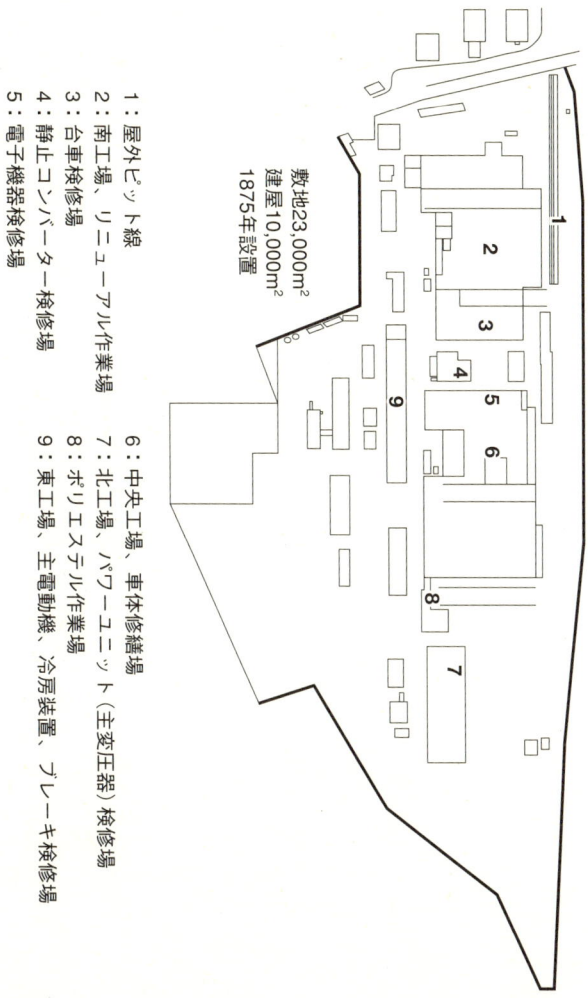

敷地23,000m²
建屋10,000m²
1875年設置

1：屋外ピット線
2：南工場、リニューアル作業場
3：台車検修場
4：静止コンバーター検修場
5：電子機器検修場
6：中央工場、車体修繕場
7：北工場、パワーユニット（主変圧器）検修場
8：ポリエステル作業場
9：東工場、主電動機、冷房装置、ブレーキ検修場

図7-32：TGVの全検工場・ビッシャイム工場のレイアウト

以上を工場で行う。

車両基地は、南東線はパリ・リヨン駅に隣接するパリ南東、大西洋線はシャティヨン(パリ南西)、北ヨーロッパ線はランディ(パリ北)、東ヨーロッパ線はウルク(パリ北東)に設けられている。工場はビッシャイム(ストラスブール)である。

車両基地は日常点検・整備、清掃、給水および検査を行う。車輪剝削、台車も含め主要機器の交換を行い、修繕の必要な機器は予備品と振り替えて、工場に送る。

工場には6年目に300万km以上走行で入場する。車体塗装は塗膜剝離のうえ下地からやり直しており、室内カーペット、カーテン、シート生地交換を行うので、新幹線電車の更新修繕に近い。軸受をはじめとする主要部品の交換、電動機の改修工事も行われる。このため入場期間も約1ヵ月と長い。

新幹線電車はおおむね2年ごとに工場に入場するので、主要機器の検査・修繕が主であり、車体塗装もTGVほど大掛かりではない。入場期間も約2週間と短い。全般検査をオーバーホールと訳しているが、TGVのオーバーホールとは全く異なる検査内容である。

7 正確にはインバーターを逆変換器、コンバーターを順変換器と訳すが、ここではコンバーターの機能を整流器として表した。整流器もコンバーターの一種である。

8 車両技術の概要

8.1 車両のシステム構成

　車両のシステムは、列車編成としてとらえる見方と、車両単独のシステムとしてとらえる見方とがある。TGVと新幹線電車を大きく際立たせているものは列車編成の構成の違いである。動力集中と動力分散、連節車とボギー車がその最大のものである。

動力集中と動力分散

　駆動用電動機と関連機器を搭載した動力車を、列車編成の中にどのように配置するか、大きく分けて2つの方式がある。1つは動力集中式、もう1つは動力分散式である。動力分散式は全部の車両に電動機を搭載した全電動車から、一部の車両に動力を搭載したセミ動力集中式まである。セミ動力集中式を極端に進めて、編成中に動力車を1両または2両としたものは動力集中式となる。

　ここでは、セミ動力集中式も含めて動力車の床上に客室スペースを設けたものを「動力分散式」、動力車に客室（荷物室を除く）スペースを設けないものを「動力集中式」とする。したがって、たとえば4両編成で両端に客室のある動力車を配置した編成は動力分散式となる。

動力分散式は電車方式または気動車方式と呼ばれる。動力集中式は機関車方式とも呼ばれるが、TGVのような固定編成式の動力車は英語でもPower carと表現するので、ここでは機関車ではなく動力車に統一した。

以上の定義から、TGVはすべて動力集中式であり、新幹線は動力分散式となる。

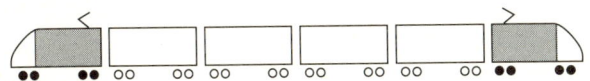
動力集中式：数少ない動力車に電動機と制御機器を搭載

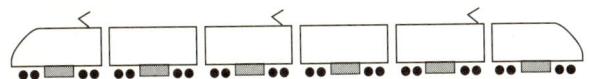
動力分散式：各車両に電動機と制御機器を搭載

●● 動輪
▨ 動力

図8-1：動力集中式と動力分散式

TGVは動力車を両端に配置した動力集中式を、新幹線は、各車両に動力を配置した動力分散式を採用している。動力機器が小型にできれば床上も客室として使えるが、TGVのように一両当たり3,000〜4,400kWの出力ともなれば、床下にすべての機器を搭載することはできないので、動力車の部分は客室として使えない。その意味ではすべての車両を客室として使える動力分散式が有利となる。

しかし、動力分散式は、各車両の床下に動力機器を設けることから、室内の騒音を低くすることが難しく、動力機器の台数が増えただけ、保守経費もかさむ。動力集中式と

分散式にそれぞれのメリット、デメリットがあるが、輸送力確保の面から新幹線は動力分散式を採用している。しかしながら、近年のパワーエレクトロニクスの進歩により、500kWクラスの電動機や制御機器を床下に搭載することが可能となり、JR東日本のE4系やドイツのICE3では4M4T（M：動力車、T：付随車）のセミ動力集中式となっている。

輸送量の大きい線区では客車両数も多く、動力集中式と分散式が成り立つが、輸送量が小さく、客車両数も4両や6両のレベルでは、動力分散式が有利となる。したがって、TGVも次世代は動力分散式のAGV（Automotrice à Grande Vitesse）が計画されている。

動力集中と動力分散のいずれを採用するかについて、技術論だけでは決まらない面もある。車両メーカー、鉄道事業者の運行・保守体制とも絡む。日本も在来線では、機関車牽引の客車列車から電車列車への移行には多くの歳月を費やしている。フランスの場合には、機関車、客車および電車の製造工場が分散しており、企業論理のみで工場を統合することができない。これが動力集中式をやめられなかった理由のひとつであると思われる。

連節車とボギー車

TGVは空気抵抗を小さくするため小断面（図2-12参照）を採用し、全体の質量を軽くするため、連節車（Articulated Car／連接車ともいうが、Articulatedを活かし、連節車の表記を使う）とした。

連節車は1つの台車を2つの車体で共用するので、同じ

長さの編成であれば、台車の数を少なくできるメリットがある。ただし、一軸当たりの質量（軸重）は大きくなる。

一方、ボギー車は1つの車両を2つの台車で支えるので、台車の数は連節車よりも増えるが、軸重を小さくでき、保守上も取り扱いが容易とのメリットがある。

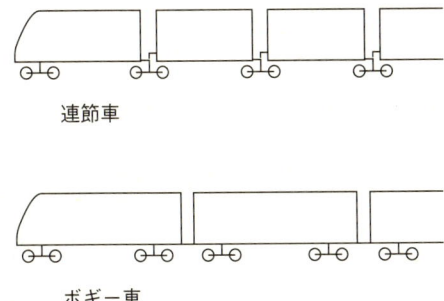

図8-2：連節車とボギー車

車両のサブシステム

車両をシステムとしてとらえると、車体、プロパルジョン、走行装置、ブレーキ、制御回路の各システムに分けられる。プロパルジョンは馴染みのない言葉であると思われるが、集電装置、変圧器、コンバーター、インバーターおよび主電動機（駆動用電動機）を総合したシステムを指し、輸出車両では広く使われている言葉である。

それぞれのサブシステムはさらに細分化される。ここではサブシステムを基本に車両各部の構造を見ることにする。

8 車両技術の概要

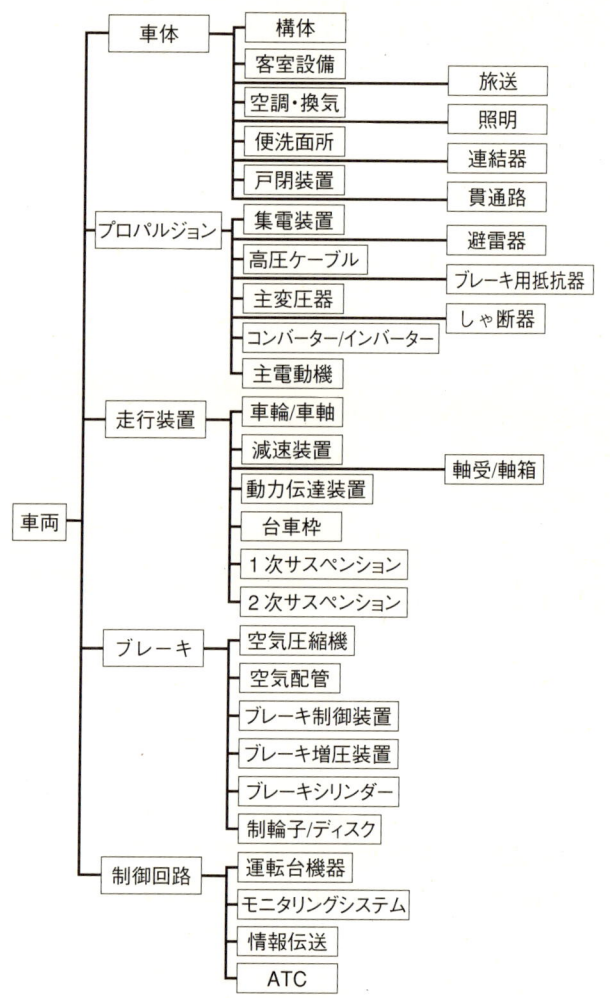

図8-3：車両のサブシステム

8.2 車体

車体については、限られた幅と長さの中で、速度、座席数、騒音抑制等々の相反する要求を満たすために工夫が凝らされている。

鼻が低いTGVと鼻が高くなる新幹線

TGVと新幹線電車の先頭形状は大きく異なる。流線型のスマートなTGVに対し、最近の新幹線電車はいずれも動物の顔に近くなっている。これには理由がある。

長いトンネルを通過するときに、列車の先頭が空気を押し込む形となり、圧力波が発生する。それがトンネルの出口で開放されて、ポンという音を生じる。これが微気圧波であり、その対策には、①トンネル断面を大きくする、②トンネル出口に音を吸収する構造物を設置する、③車両の形状を変更するという3つの方法がある。

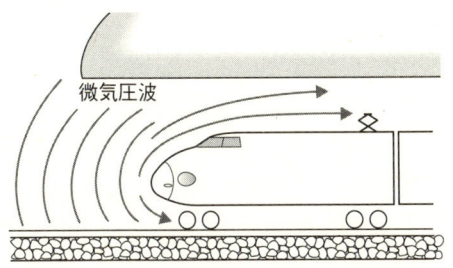

図8-4：トンネル微気圧波の発生の概念図

トンネル断面を大きくすることは建設費が高くなるので、新幹線のようにトンネル延長が長くなる場合は、上記の②と③の対策をとる。また、バラスト軌道の場合は、車

8 車両技術の概要

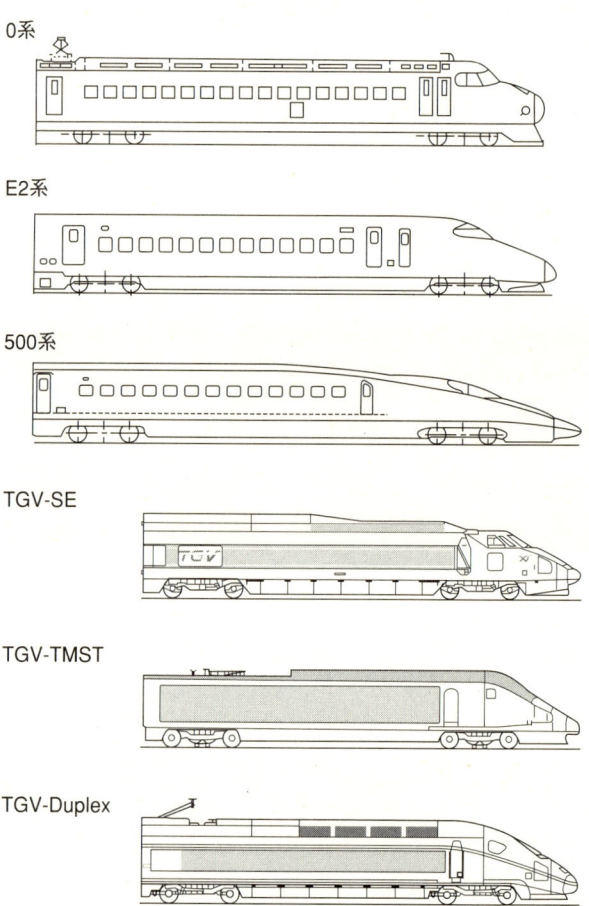

図8-5：先頭形状比較。TGVの鼻は相対的に短い

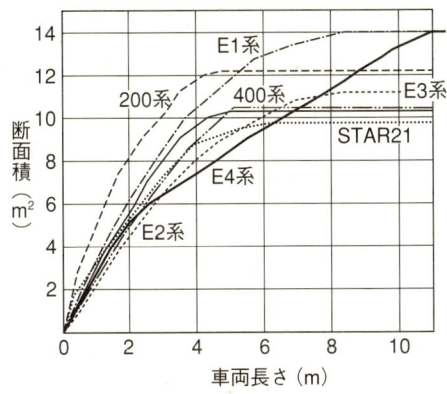

図8-6:新幹線の断面積変化率。ここでは、東北・上越新幹線車両のみだが、研究の試行錯誤が分かる

体下部の微気圧波はバラストで吸収されて軽減されるので、同じトンネル断面積でもスラブ軌道の場合よりも音は小さくなる。

微気圧波対策のため、先頭部(鼻)を尖らし、長くすることが効果的であるので、JR西日本500系のように鼻を極端に長くするものも開発された。この場合は、先頭車の座席数が少なくなる。一方、営業的には列車全体の座席数を増やしたいので、何とか鼻を短くして微気圧波対策ができないかとの研究が進められた。スーパーコンピューターによる解析、風洞実験を積み重ねた結果、先頭からフル断面に至るまでの断面積の変化率を一定とすることが効果的であるとの結論を得て、JR東日本のE2系、E4系、JR東海／西日本の700系、N700系のような形が生まれた。さす

がに360km/h運転を目指すFASTECH 360では先頭車25mのうち15mが鼻になっている。図8-6に東北・上越新幹線車両の断面積変化率を示した。

トンネルが少なく、あってもトンネル断面積の大きいTGVが短い鼻ですむのは以上の理由による。

床下に何もないのがベスト

TGVは先に述べたように動力集中式であり、騒音源となる機器は両端の動力車に搭載されており、客車には空調装置やブレーキ装置が搭載されているだけである。また、連節式の台車部分を出入り台や便洗面所に使うようにしている。このため、客室については、床下に機器を搭載している新幹線よりも静かな構造となっている。

しかしながら、遮音構造の進歩により、N700系等の最新の新幹線電車では、床下に機器を搭載していても静かな車内を作れるようになった。この意味でも、TGVと新幹線は近づいている。

輸送力増強の決め手は二階建

空気抵抗を小さくするため、在来線車両よりも幅を狭めたTGVは、輸送力不足という問題に直面した。予想を超えて旅客が増えたためである。TGV-SEの車体幅2.8mは次のTGV-Aでは2.9mに広げられ、居住性改善にはなったが、横4列の座席配置であることに変わりはなく、座席数増加には結びつかなかった。新幹線の車体幅3.4mは横5列（E1系やE4系では自由席に6列を採用している）の座席配置を可能にしたので、TGVに比べて有利な点となっ

写真8-1：TGV-Duplexの外観（南正時氏提供）

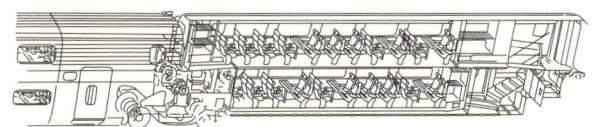

図8-7：TGV-Duplexの構造。1階は行き止まりで、隣の車両に移ることはできない

ている。

　TGVは、信号設備を改良して列車本数を1時間15本まで増やしたが、それでも需要増加に応えることができないので、最終的な決め手は二階建車両とするしかなかった（写真8-1）。二階建とすることによって、編成当たりの座席数は40％増加する。二階建のTGV-Duplexは低いプラットホーム、高さ0.55mに対応して、1階に出入り台を設け、ホームから1段下がって客室に入るようになっている。このため、車椅子対応の出入台は、床がせり上がって

8 車両技術の概要

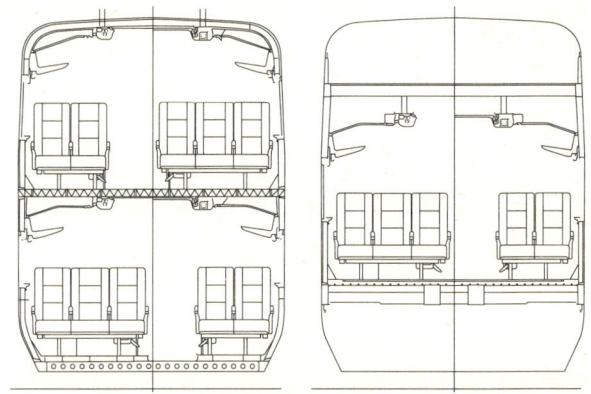

図8-8：E1系の断面図。車端部は一階建の構造

ホームと客室の段差を埋めるようになっている。車両間の通路は2階に設け、二階部についてはフルフラットな構造とし、一階部は行き止まり式となっている（図8-7）。二階建ということで上下の空間が狭くなったことを感じさせないように、座席ピッチを広げ、手荷物置き場を設けている。

通勤客増加で悲鳴を上げたJR東日本

東北・上越新幹線の東京乗り入れ当初（1991年）は、東京駅はプラットホーム1面2線の設備であり、列車到着から出発まで15分間の制約の中で、旅客案内や車内清掃に軽業的作業が強いられた。一部の列車は上野に折り返して、上野駅で整備して、東京駅の負荷を軽減していた。しかし、当時の好景気を背景として新幹線定期券の売り上げが急増し、朝夕のピーク時に発着する新幹線の座席数をい

写真 8-2：TGV の二階建試験車（1980 年代末）

かに増やすかが重要な課題となった。

このため、JR 東日本は、1992 年に 12 両編成で 200 系の 1.3 倍の座席数を有するオール二階建の E1 系を開発した。折り返し時間を短縮するため、座席の自動回転機構も採用された。この発展形が E4 系であり、8 両編成として、ピーク時は 2 編成を連結した 16 両編成としても使えるようにした。

E1 系と E4 系は、自由席の二階席を 3 ＋ 3 人掛けとして、座席数を増やしている。プラットホームの高さが 1.3m であることから、出入り台は中二階とも言うべき台車部の上に設けられている。

最初の計画では、自動販売機を設置して、ワゴンや係員による車内販売なしであったが、結局アルコール類の自動販売機による販売が認められなかった。階段がネックとなってワゴンが使えないため、E1 系ではビール等のキャリーバッグによる車内販売を行うことになった。E4 系では車内販売ワゴン用リフターを設置し、サービス向上と車内販売員の負担軽減を実現した。

8 車両技術の概要

二階建の先陣争い

　高速列車の二階建は、国鉄時代最後の1986年に登場した100系で最初に採用された。このときは16両編成中の2両、食堂車とグリーン車を二階建とした。食堂車は食事室と通路を分離するとともに、厨房を階下としてレストランの座席数を増やすことに狙いがあった。グリーン車も快適な展望を提供することにあり、階下はグリーン個室としている。

　部分的に二階建車を連結するという考え方はJRになってからも継承されたが、階上をグリーン車としたものの、階下は防音壁により眺望が妨げられ、客席としては使い方が難しく、カフェテリア、普通車およびグリーン個室が試みられたが、決定打はなかった。また、車両としても出入り台を車端部に配置するとの制約もあり、二階建により増えた床面積を十分に活用するようにはなっていなかった。

　オール二階建とするアイデアはフランスと日本で別々に実現した。輸送力不足に悩むTGVは1987年頃から二階建車両のモックアップ製作、試作車による走行試験を積み重ねていた。しかし、営業的には二階建車両に対する理解を得られずに、実用化が遅れていた。一方、JR東日本は上記のように通勤輸送対策で一足早くE1系を登場させた。TGV-Duplexの登場は1994年である。JR東日本が1988年に開催した国際鉄道デザイン会議に、当時のSNCF車両局長ラコート氏が来日し、筆者が200系の二階建車両を案内した。彼は営業の理解が得られないので、二階建が進まないと嘆いていた。パリで1992年に再会したときには、E1系登場の後でもあり、日本にしてやられたと地団駄を踏ん

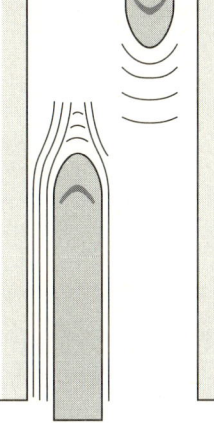

① トンネルに入ると車体と壁の間が狭くなるので、気流が速くなり、車体の外側の気圧が低くなり、車内から外に空気が引き出される

② 対向列車がくると、先頭の圧力波同士がぶつかり、気圧は高くなる

③ 気圧の変化を表すと

トンネル進入　対向列車とすれちがい　トンネルを出る

図8-9：車内気圧変化発生の仕組み

で悔しがっていた。

耳ツンに苦労した新幹線

東海道新幹線の開業前に鴨宮試験線で、高速試験を行って初めて耳ツンが観測された。トンネルに高速で進入する

8 車両技術の概要

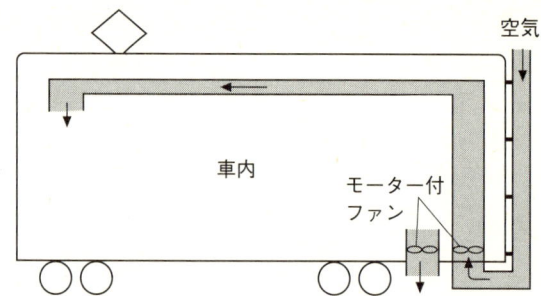

図8-10：連続換気装置。静圧の高いファンで外気を取り入れ、静圧の高いファンで室内の空気を排出することにより、外気圧の変化にかかわらず、室内の気圧を一定に保つ。初期は給排気ファンをひとつの電動機で駆動させていたが、最近のものは個別駆動として、同期をとっている

と、車体表面の気流が速くなり、車内の気圧が減ずる。また、対向列車とすれ違うときには、先頭の圧力波がぶつかるので、気圧が高くなる。このように、トンネル進入・進出時に車体の気圧が最大で150mPa（ミリ・パスカル）程度変化する。これが耳ツンを引き起こす（図8-9）。

この対策として、トンネル出入り口の地上子から列車に信号を発信して、トンネル進入直前に車両の給気口をダンパーで塞ぎ、トンネルを出るとダンパーを開けることにより、車内の気圧変化をなくすようにした。もちろん車体は隙間の無いよう溶接して気密構造とした。トイレについても、気圧変化で汚物が逆噴出することもあり、気密構造とした。

山陽新幹線はトンネルが全線の50％程度となることから、ダンパー方式では換気量が不足するので、「連続換気

装置」が開発された。電動機による高速回転のファンで給気と排気を同時に行うようにして、車内の気圧を一定に保つ仕組みである。これはその後の新幹線の標準装備となった（図8-10）。

TGVは最初に述べたようにトンネルをつくらなかったので、耳ツンとは無縁であった。しかし、大西洋線で騒音防止のため、トンネルを設け、トンネル内を200km/h以上で通過するようになって初めて耳ツン対策が必要となった。TGV-Aについては対策を取らなかったが、TGV-RおよびTGV-Duplexからはダンパーと同様に締切弁を吸気口に設けて、トンネル通過時に吸気口を塞ぐようにした換気装置を設け、耳ツン対策としている。トンネル延長が比較的短いこともあり、連続換気装置のようなものは採用されていない。

ドア構造

日本の通勤電車等は引き戸式ドアを使用している。ヨーロッパの車両では外側から車体にドアを押さえつける方式の外側プラグ式ドアを使用しているものが多い。

引き戸は構造が簡単であるが、戸袋の分だけ車内が狭くなり、ドアのがたつきによる騒音や隙間風を完全には防げない。外側プラグ式ドアはドア構造が複雑になるものの、引き戸の欠点をカバーできる。新幹線電車の試作車も外側プラグ式ドアを採用した。しかし、トンネル進入時の気圧変化でドアが外に吸い出され、車内の気密も保てないことから、引き戸で、ドアを閉じたときにドア四隅を油圧シリンダーで車体外板に押し付けるようにした。もちろん、車

8 車両技術の概要

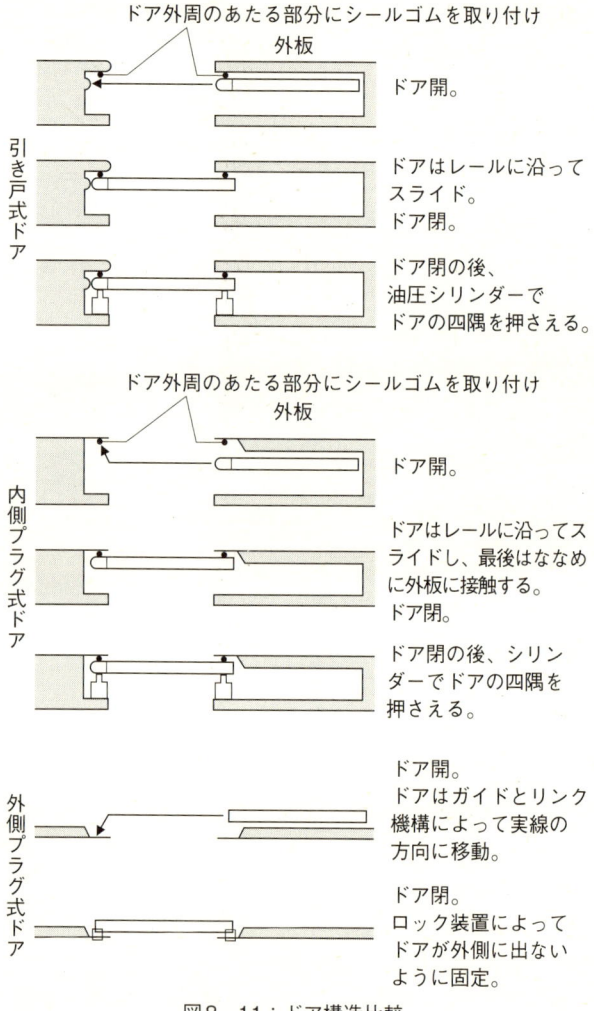

図8-11：ドア構造比較

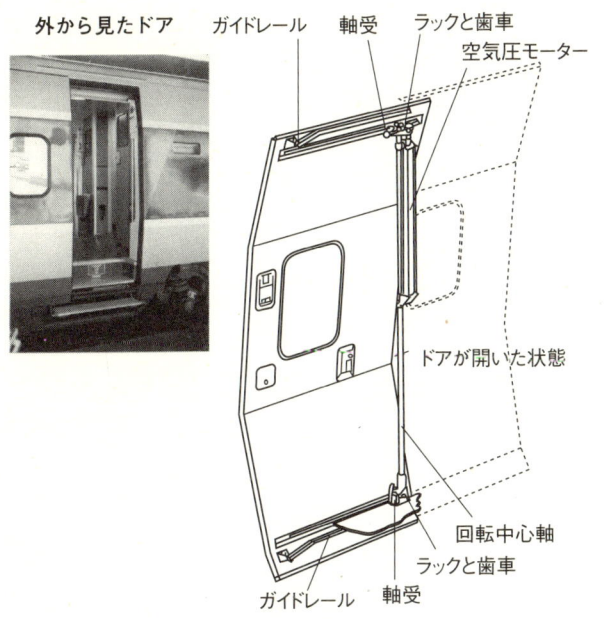

図8-12:TGVの外側プラグ式ドア

体側にはシールゴムを設けている。これは、気圧変化に対しても安全なので、200系や100系にも採用されている。

TGVは最初から外側プラグ式ドアを採用し、ドアが閉じたときにロック装置でドアを内側に押さえつけている(図8-12)。

引き戸では車体外板との段差を解消できないので、騒音低減の観点から、内側プラグ式ドアが300系、500系およびE2系等から採用された。閉じるときに車体の内側から外側に向かってドアが押さえつけられるので、車内気圧変

8 車両技術の概要

化に対してはフェールセーフとなる。しかし、車体内側に大きなスペースを必要とし、騒音低減効果もそれほど大きくなかったので、300系の後期、700系、E2系1000番台等では引き戸に戻っている。

トイレにも苦労のあとが

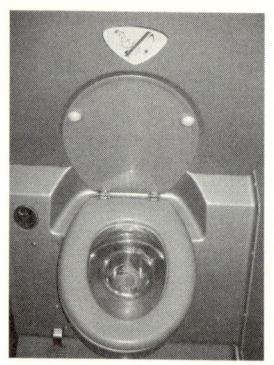

写真8-3：TGVのトイレ
（守田光雄氏提供）

新幹線は気密対策の一環として、タンクに汚水を貯める貯留式の汚水処理装置を採用した。その後、清水の量を節約するために、汚水に薬液を混入して便器の洗浄に使用する循環式が開発された（図8-13）。さらに進化して航空機等でも使用されている真空式トイレを採用している（図8-14）。

TGVもタンクの貯留式から真空式に移行している。ヨーロッパは垂れ流し式車両がほとんどであるので、タンク式でも大きな進歩とはいえる。

構体材料と工法

高速車両の構体材料と工法の変遷を表8-1に示す。初期のものは加工しやすく、価格も安いスチールが広く使われていたが、軽量化の要求が厳しくなるにつれて、アルミニウムが主流となった。

初期のアルミニウム車体である新幹線200系は、一部に押出形材を使ったものの、スチール車体と同様に、柱、は

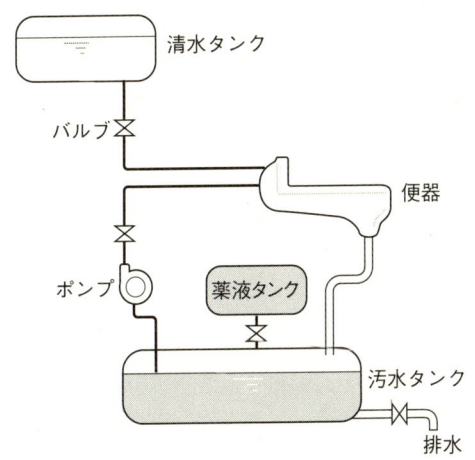

図8-13：循環式汚水処理装置

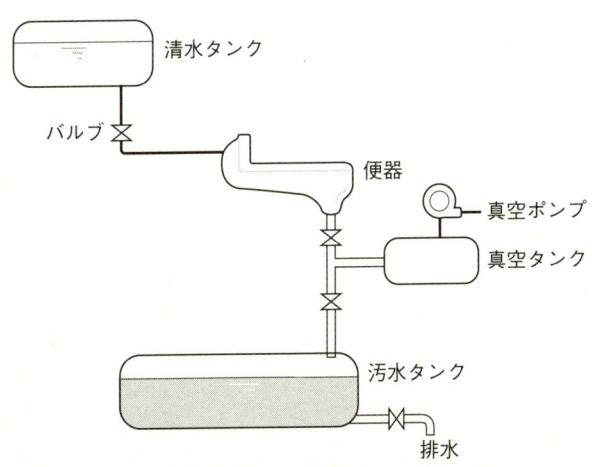

図8-14：真空式汚水処理装置

りおよび外板から構成する骨皮構造であるため、それぞれの部材を溶接でつなぐ必要があった。素材価格が高く溶接にも特殊な設備や技能を要することから、アルミニウム車体はスチール車体の2倍以上の価格となった。

素材価格がスチールの約10倍のアルミニウムを使うため、溶接工数をいかに減らすかが課題となり、大型押出形材が次々に開発された。300系、E2系、E3系およびE4系は補強はりと外板を一体構造とした形材と柱で車体を組み立てるシングルスキン構造を採用している(図8-15)。

TGV-Duplexは、骨と皮を一体としたパネル状の中空の押出形材を溶接して、窓や扉部分を機械加工で削りだすダブルスキン構造となっている。軽量化要求に対しアルミニウムが最適であること、スイスで比較的安くアルミニウムが製造できたことが採用の理由であった。新幹線でもE2系の一部でダブルスキンを試験的に採用し、700系、E2系1000番台、800系およびN700系からは全面的にアルミニウムダブルスキン構造となっている。大型の1万トンプレスにより大型の押出形材が製造でき、しかも成形技術の進歩による精度の高い薄肉の形材が安定して製造できるようになったことが寄与している。時期的にはE4系はダブルスキンの時代に開発されたが、軽量化要求が厳しいためシングルスキン構造が採用されている。

溶接方法も溶接部分にアルミニウムの酸化を防ぐため不活性ガスを吹きつけながら溶接するMIG溶融接合(Metal Inert Gas Welding)から摩擦熱によって軟化した材料を攪拌して接合するFSW(摩擦攪拌溶融接合、Friction Stir Welding)が使用されるようになった。この結果、溶接工

車両	構体	記事
0系、100系、400系	スチール、骨皮構造、気密構造、外板1.6mm	先頭構体は骨皮構造のたたき出し
TGV-SE、TGV-A、TGV-R、Eurostar	スチール、プレス形材と外板の溶接構造、外板3.2mm	先頭構体はスケルトン構造とFRPの組み合わせ
200系	アルミニウム、骨皮構造、一部の押出形材使用、ボディマウント構造、外板3.2mm	先頭構体は骨皮構造のたたき出し
300系、E2系、E3系	アルミニウム、全面的に押出形材使用、板厚2.5mm	先頭構体は骨皮構造のたたき出し
500系	アルミニウムハニカム、台枠は押出形材	先頭構体はアルミニウムハニカムと骨皮構造のたたき出し併用
E4系	アルミニウム、全面的に押出形材使用、板厚2.5mm	先頭構体は骨皮構造のたたき出し、一部はカーボンファイバー布による成形
TGV-Duplex	アルミニウムダブルスキン、板厚3.0mm、動力車はスチール骨皮構造、動力車および客車の一部にクラッシュワース構造採用	先頭構体はスケルトン構造とFRPの組み合わせ
TGV-POS	動力車はアルミニウム	先頭構体はスケルトン構造とFRPの組み合わせ
700系、800系、N700系、E2系1000台	アルミニウムダブルスキン、一部はFSW*採用	先頭構体は骨皮構造のたたき出し、削り出し構造併用

*摩擦攪拌溶融接合。接合するアルミニウム素材の間に高速回転の金属棒を挿入し、摩擦熱で素材を溶かして、接合する技術。

表8-1:構体の変遷

8 車両技術の概要

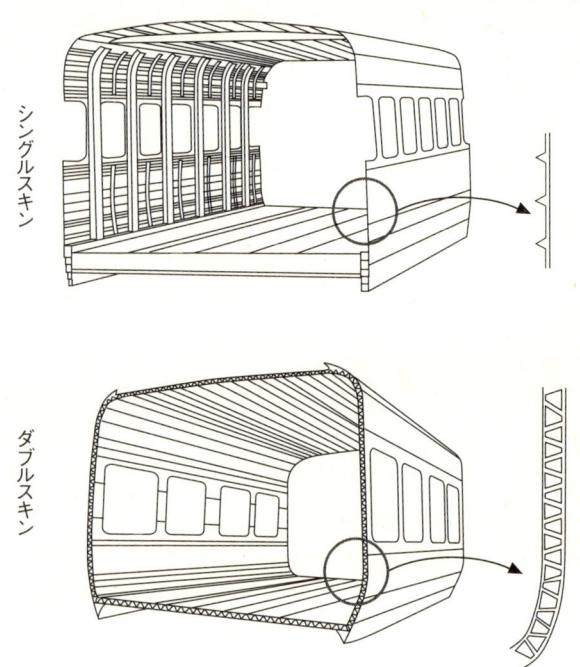

図8-15：シングルスキン構造とダブルスキン構造

数低減と溶接後の仕上げ作業軽減が図られている。

　新幹線電車の先頭形状が複雑になった結果、金属板を手作業でたたき出して曲面をつくる伝統的な工法（たたき出し工法）では対応が難しくなってきた。また、職人がいなくなったことも背景にあり、E4系、E2系1000番台、N700系等では航空機で使われているカーボンファイバー布による積層成形、アルミニウム厚板から数値制御工作機械で削り出す工法が採用されるようになった。

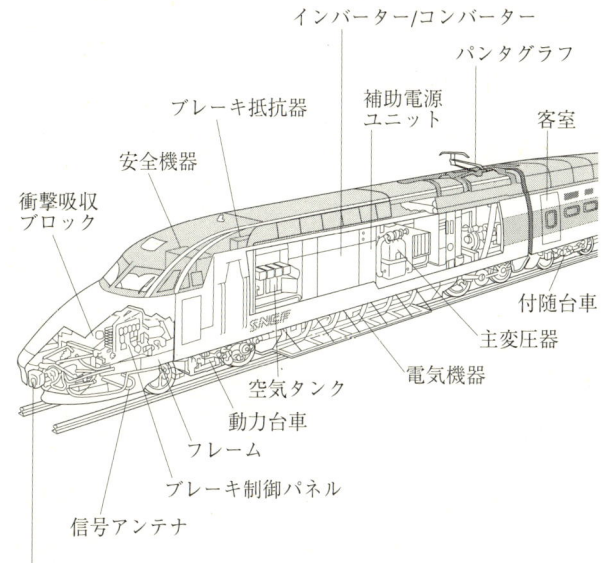

図8-16：TGVの機関車の解剖図（http://www. trainweb. org/tgvpages/jpg/motrice. jpgを一部改変）

　TGVの動力車は台枠と柱で車体を構成するスケルトン構造を採用し、外板は強度部材というよりも調整用ウェイトの役割を担っている。台車、台枠といった機械部分、変圧器、制御機器および電動機といった電気部分の質量で車両の質量の大部分は決まる。一方、牽引性能から一軸当たりの質量（軸重）が決まるので、それぞれの軸重を合わせるために、調整用ウェイトを搭載する。外板は調整ウェイトの一部であり、機器が軽くなれば厚い板、重くなれば薄い板を取り付ける。このためスチールが主として使われている。

8 車両技術の概要

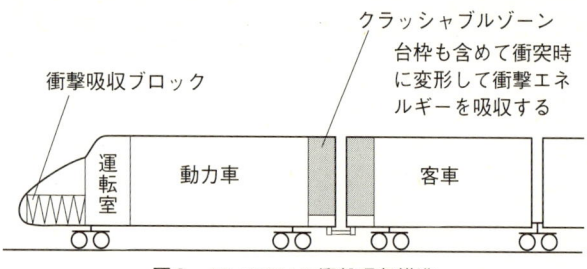

図8-17：TGVの衝撃吸収構造

　客車は床下機器がないために、新幹線からみればうらやましいことに、TGV-Duplexを除いて軸重に余裕があり、比較的厚板のスチールで車体を構成している。溶接時の歪みを最小限とするために、柱とはりを兼用したプレス形材と3.2mmの外板の溶接構造である。動力車先頭部の一部にはFRP（繊維強化プラスチック、Fiber Reinforced Plastics）を使っている。

衝撃吸収構造
　新幹線とTGVの車体設計思想の最も大きな差は、衝撃吸収構造（クラッシュワース構造）の有無である。
　新幹線は踏切をなくし、ATCによって列車同士の衝突を起こさないようにしているので、基本的には衝撃吸収構造を設けていない。車両間の連結器に緩衝器を設けており、連結時等の衝撃は緩衝器で吸収している。
　TGVの客車は連節式であり、車両間に連結器がないので衝撃吸収のための緩衝器がない。連結時の衝撃は動力車先頭の連結器・緩衝器、動力車と次の客車間の緩衝器で吸

収する。また、踏切事故や駅構内での衝突事故への対策として、動力車先頭部に衝撃吸収ブロックを設けている。TGV-Duplexからは、動力車後部と次の客車の動力車より車体部分に衝撃吸収構造を設けて、車体の変形によって衝突エネルギーを吸収するようにしている（図8-17）。

8.3 プロパルジョンシステム

　電車線から集電した電流をそのまま電動機に供給することはできない。集電した電流を変換して電動機の回転数やトルクを制御する全体システムをプロパルジョンシステムといっている。日本語に訳せば推進システムであり、集電装置であるパンタグラフから電動機までを含む。

プロパルジョンシステムの構成

　駆動用電動機として直流電動機を使うか、交流電動機を使うかによって、プロパルジョンシステムの構成は異なる。

　直流電動機の場合は、電源の交流25,000Vを変圧器で2,000V程度まで下げて、直流に変換して電流を電動機に供給する。この場合、電圧を0～2,000Vの範囲で制御して、速度制御を行う。新幹線もTGVも駆動用電動機として最初は直流電動機を採用した。しかし、直流電動機は大きなパワーを出すことができないので、三相交流で駆動する同期電動機または誘導電動機といった交流電動機が使われるようになってきた。

　交流電動機の場合は、変圧器で2,000V程度まで下げた単相交流をいったんコンバーターで直流に変換して、イン

8 車両技術の概要

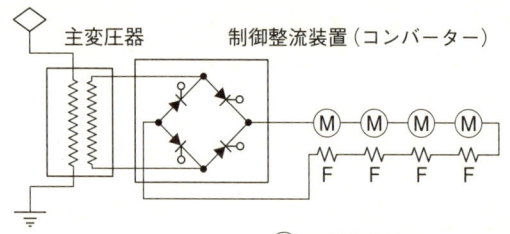

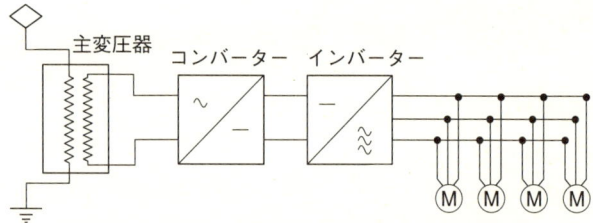

図8-18：(上) プロパルジョンシステム（直流電動機）の構成。制御整流装置内のサイリスターで主変圧器からの交流を直流に変換するとともに、電動機に加える電圧を制御する。この例では、電圧機を4台直列としている。(下) プロパルジョンシステム（交流電動機）の構成。交流をいったんコンバーターで直流に変換し、さらにインバーターで三相交流に変換し、電圧と周波数を変えることにより、速度制御を行う

バーターで直流を三相交流に変換する。電源の単相交流を直接三相交流に変換することは難しいので、コンバーターとインバーターをセットで使うのである。TGV-AからTGV-Duplexまでは同期電動機を採用しており、誘導電動機駆動はユーロスターとTGV-POSのみである。新幹線電車は、400系を除く300系以降の車両はすべて誘導電動機

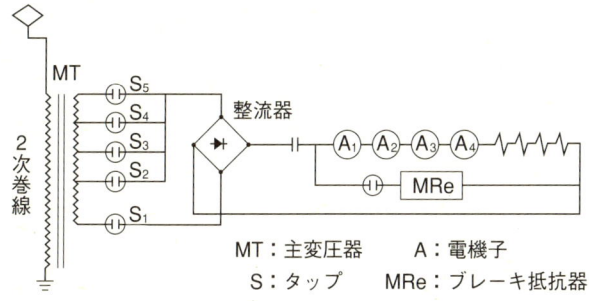

図8-19：低圧タップ切換式の原理。S_1からS_5接触器を順番に開閉して電圧を調整する

駆動を採用している。

直流電動機駆動の第1世代（0系～200系新幹線とTGV-SE）

　パンタグラフから集電した電流は変圧器で1,000V程度に下げられ制御装置に供給され、駆動用電動機の回転数とトルクを制御する。駆動用電動機としては、直流電動機と交流電動機の2種類に大きく分けられる。

　第1世代のTGVや新幹線に用いられたのは直流電動機であり、電動機に加える電圧を変化させて回転数とトルクを制御した。0系新幹線は変圧器の2次巻線を分割してタップ（端子）を出し、タップを切り換えることによって電圧を変化させた。これを低圧タップ切換式という（図8-19）。タップで変化させた低圧交流を整流器で直流にして電動機に供給した。ブレーキ時には、電動機を発電機として使用し、発電した電力をブレーキ用抵抗器MReで消費させている。

8 車両技術の概要

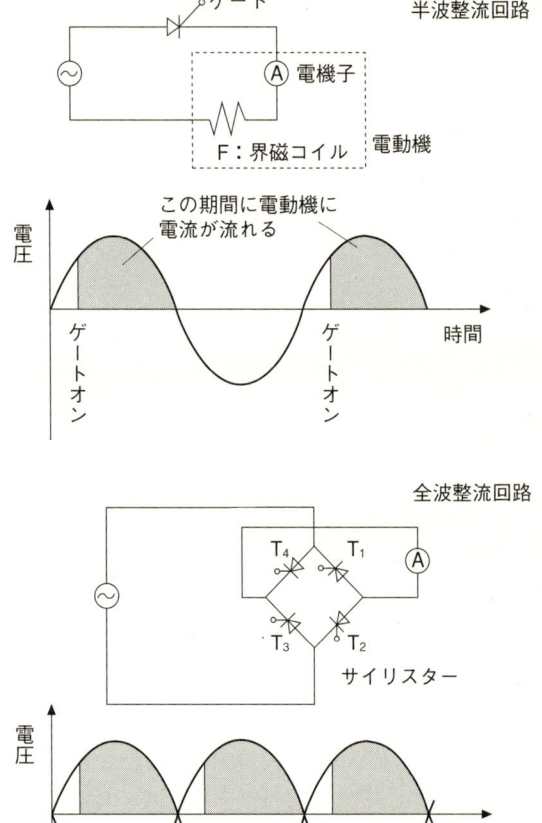

図8-20：サイリスターを使用した基本整流回路と波形。全波整流回路のほうが効率的に電流を流すことができる

MT ：主変圧器　　　　　A_{11}〜A_{24}　：電機子
MRe：ブレーキ抵抗器　　MF_{11}〜MF_{24}：電動機界磁コイル

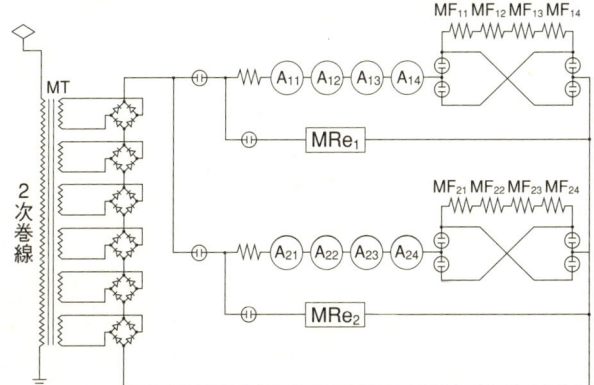

図8-21：サイリスター位相制御主回路つなぎ（200系）。2次巻線が6分割され、それぞれがサイリスターで電圧が制御される

　その後、サイリスター（電圧制御のできる半導体素子）が実用化したので、100系や200系新幹線では変圧器2次巻線を4分割程度で、サイリスター整流回路につなげて、直流への変換と電圧調整を一度に行えるようになった。2次巻線を1つとしないで分割するのは、個々の整流回路の電圧を制限して、整流波形の歪みを少なくするためである。歪みが大きいと、電磁雑音が発生して信号システム等に悪影響を及ぼす。

　電圧調整はサイリスターの電気を通す時期をずらすことにより行う。すなわち、サイリスターは電極のほかにゲートがあり、ゲートに電流を流すと順方向に電流を流し、電圧の向きが反転すると電流を流さなくなる。このようにゲ

8 車両技術の概要

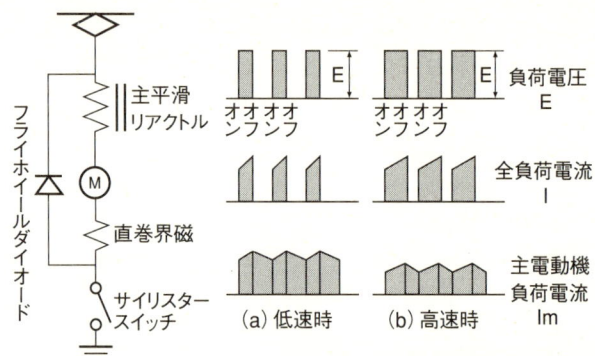

図8-22：サイリスター・チョッパーの基本回路と波形。サイリスターがスイッチの役割をはたす。一秒間に数百回の頻度でサイリスターに流れる電流を切り刻み（チョッパー）、電流の幅を変えることによって電圧を制御している。主平滑リアクトルは電動機に負担をかけないため。フライホイールダイオードによって、サイリスタースイッチが切れているときでも電動機に電流が流れる。そのため、主電動機には電流が常に流れている（Im）

ートに電流を流すタイミングを変えることによって電流を流す時間、すなわち電圧を制御することができる。これをサイリスター位相制御という。図8-20にサイリスターの基本整流回路と波形を示す。サイリスター1つのみでは、交流の半分のみ使う（半波整流）ので、効率が悪い。サイリスターを4つ組み合わせてブリッジ回路とすると、交流を効率よく直流に変換できる。これを全波整流回路という。図8-21は新幹線200系の主回路つなぎの例を示す。

TGV-SEは直流電動機を使うのは新幹線100系等と同じであるが、交流区間と直流区間の両方を走行しなければな

らない。交流区間では先に述べたサイリスター位相制御が使えるが、直流区間では別の仕掛けが必要になる。これがチョッパーであり、サイリスターとコンデンサーの組み合わせで、直流電流を刻み（チョップ）電圧を制御する（図8-22）。TGV-SEは交流区間ではサイリスター位相制御、直流区間ではサイリスター・チョッパーで駆動用電動機の回転数とトルクを制御している。しかも、位相制御もチョッパーも同じサイリスターを組み替えて使っている。

交流電動機駆動、日本とフランス

　交流電動機は整流子電動機、誘導電動機および同期電動機の3つがある。整流子電動機は直流電動機と同じ構造であり、単相交流でも使えるのでドイツが低周波数の交流電化と合わせて実用化している。

　同期電動機は、図8-23に示すように、界磁コイルと回転子から構成され、回転子の巻線に直流を流して電磁石とする。界磁コイルに三相交流を流すと回転磁界が発生して、その回転磁界に引っ張られる形で回転子の電磁石が回転する。界磁コイルに流す周波数を変えることによって回転数を制御する。周波数と回転数は1対1に対応する。

　一方、誘導電動機は界磁コイルで回転磁界を発生させ、回転子の巻線に電流を誘導させて回転力を得ている。回転磁界の回転数（同期速度）よりも若干低い速度で回転子は回転する。回転磁界と回転子回転数の差を「すべり」といい、すべりを同期速度で除したものを「すべり率」という。すべり率が大きければ電動機のトルクは大きくなる。もっとも、あまり大きいすべり率では電動機が停止（脱

	同期電動機	誘導電動機
界磁	固定(固定子)、三相交流励磁 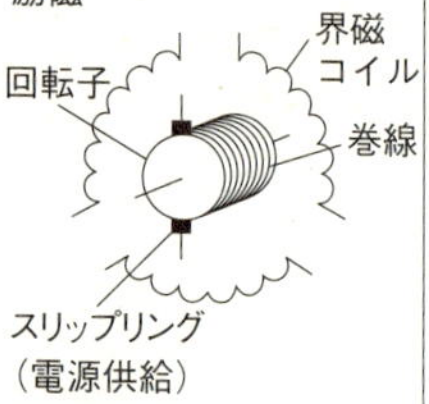	固定(固定子)、三相交流励磁 
回転子	可動(回転子)、直流励磁	可動(回転子)、多相交流励磁
速度制御	一般的には電機子に供給される三相交流の周波数制御	カゴ形電動機の場合、界磁に供給する三相交流の周波数制御
回転方向の切り替え	界磁の相順序の切り替え(無接点)	界磁の相順序の切り替え(無接点)

図8-23：同期電動機と誘導電動機の特徴。同期電動機は巻線に直流を流して電磁石とする。界磁コイルの周波数と回転子の回転数は1対1の同期である。誘導電動機は界磁コイルで発生させた回転磁界により巻線に電流を誘導する。周波数で回転数を制御する

調)してしまう。したがって、すべり率を一定としつつ、周波数を徐々に高くすることによって電動機の回転数を上げることができる。ある程度回転数が上がったら、電圧を介して電流を制御する。これが可変周波数可変電圧(VVVF、Variable Voltage Variable Frequency)制御の考え方である。

三相誘導電動機は、周波数で回転数がほぼ決定される。そのため、回転数の制御は周波数を変化させる必要があ

る。VVVF制御は、インバーターを使って三相交流の周波数と電圧を変化させようというものである。

　交流電化の初期に、電動発電機による相変換（単相交流を三相交流に変換）と周波数変換を試みたが、装置が大きく、重くなるので実用には至らなかった。三相誘導電動機を駆動用電動機として使う試みがドイツやスイスで始まったのは、パワーエレクトロニクスが発達してからのことである。1980年代初めには大出力の機関車も開発された。新幹線電車は300系からGTO（Gate Turn Off）サイリスター素子を使用したVVVFインバーター制御による誘導電動機駆動を実現した。

　それぞれの車軸に電動機が歯車で機械的につながっている状態では、車輪の直径にばらつきがあるので、電動機の回転数にもばらつきが生じる。これはすべての電動機に同じ周波数の電源を加えても、それぞれの電動機のすべりが異なる結果になる。しかしながら、誘導電動機駆動は、複数の電動機間のすべりのばらつきを許容することができるので、1台のインバーターで複数の電動機を制御することが可能である。新幹線の場合には1台のインバーターで2個（台車単位）または4個（車両単位）の電動機を制御している。このようにすることによって、インバーターの台数を少なくしてコストを低減している。動力分散式なので電動機出力が300〜500kW程度あり、複数制御が可能である。一方、動力集中式の場合には、電動機出力が1,000〜1,600kWとなるので、1インバーター1電動機となる。

　一方、フランスは同期電動機を駆動用電動機として採用した。電動機の構造が誘導電動機よりも複雑になるが、イ

ンバーターの構成が簡単になることがその理由であった。

このようにして、TGV-Aから同期電動機を使用するようになった。同期電動機は回転子の巻線にスリップリングを介して電流を流し、回転子を電磁石として使う。この回転子が界磁の回転磁界に対応して回転する（図8-22）。回転数とトルクの制御は誘導電動機の場合と同様に周波数と電圧を変化させることにより行う。同期電動機の場合には、同期速度と回転子の回転数は同じであるので、車輪径が異なる場合には1台のインバーターで複数の電動機を制御することはできない。1インバーターで1個の電動機しか制御できない。動力集中式の場合には、個々の電動機出力が大きいので、1インバーター1電動機制御としても誘導電動機の場合に比べて不利とはならない。このようにして、TGVは同期電動機駆動を採用した。

しかし、ユーロスターは英国の工場で開発した誘導電動機駆動を採用した。フランスのメーカーであるアルストーム社もEU市場統合の後、欧州内メーカーの買収に乗り出し、多国籍企業となった。ユーロスター開発時期は英国にも進出したので、英国の雇用確保の意味合いもあってマンチェスター工場製の誘導電動機駆動を採用した。その後の半導体素子の進歩もあって、英国工場製ではないが、東ヨーロッパ線用の最新型TGV-POSも誘導電動機駆動を採用している。

同期電動機の弱点は回転子に電源を供給するスリップリングであった。磁性材料の進歩により、強力かつ劣化の少ない永久磁石を作ることができるようになったので、回転子に永久磁石を使った同期電動機が実用化された。これに

よりスリップリングは不要となった。既にエレベーターの巻き上げ用等に使われている。しかし、永久磁石同期電動機を車両に使う場合には、電動機が故障していても車輪によって強制的に電動機が回転させられるので、電動機には起電力が常に誘起される。この起電力が上流側に悪さをしないような仕掛けを別に用意する必要がある。永久磁石を使用しない誘導電動機や同期電動機の場合には起電力が誘起されないので、問題はない。

フランスのAGVもJR東日本のFASTECH360も同期電動機の回転子に永久磁石を使用した永久磁石同期電動機を試験している。

8.4 台車と駆動装置

台車は車体を支えるとともに、上下、左右の振動を吸収し、乗り心地をよくし、安全に走行する機能を果たしている。高速走行を支える台車はTGVでも新幹線でもキーである。直線区間では安定して走行し、曲線でカーブに沿って曲がることは意外に難しい。

車両運動と台車

走行中に台車はさまざまな動きをする。左右、上下の振動はもとより、前後や台車中心回りの回転方向の力も加わる。それらの力をコントロールするには、車輪の形状や車軸の間隔といった基本的な寸法のほかに、車軸軸受の構造、軸箱支持装置、ばねなどの要素をいかに適切に選ぶかが課題となる。また、台車と車体の結合部分も重要である。図8-24に台車の構成の例を示す（新幹線200系）。軸

8 車両技術の概要

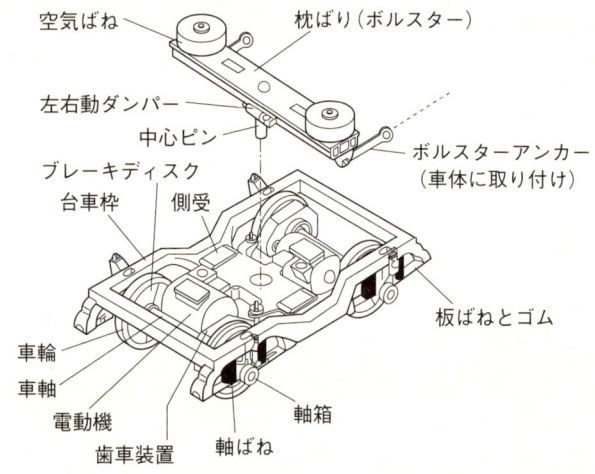

図8-24:新幹線200系の台車(ダイレクトマウント台車)

ばね(1次ばね)は線路の微小な変位を吸収し、枕ばね(2次ばね)である空気ばねは、大きな上下変位、左右方向の変位を吸収する。中心ピンと側受(がわうけ)で回転運動に対応するが、枕ばりと側受の間の摩擦で回転方向の運動を抑制する。ボルスターアンカーは、台車で発生する駆動力やブレーキ力を車体に伝える。

台車の構造と寸法

TGVは車輪径を920mm、台車の車軸間隔(軸距)を3,000mmとして、直線部での走行安定性を重視している。台車中心回りの回転方向の力を抑制するのにダンパー(オイルダンパー)が使われるが、TGVの場合はダンパーが故障しても、台車自身の運動特性で安定走行ができるよ

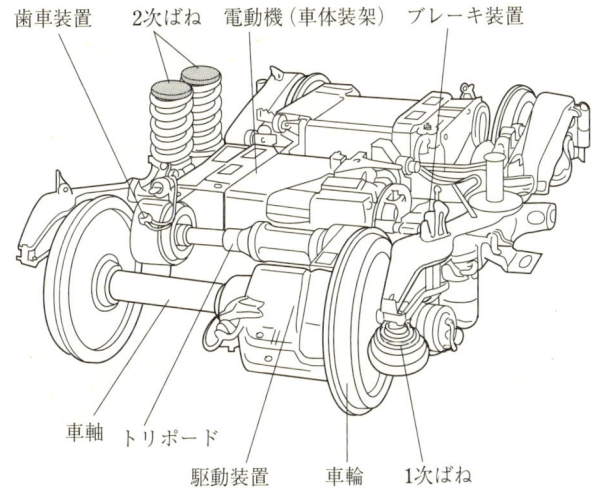

図8-25：TGV-PSEで使われているY230台車（http://www.trainweb.org/tgvpages/motrice.html/ を改変）

うにしている。ダンパーの信頼性が低いためにダンパーを2組取り付けているものもある。

　一方、日本のダンパーは信頼性が高いので、ダンパーは1組として、台車そのものの寸法を小さくしている。すなわち、0系は車輪径910mm、軸距を2,500mmとして、台車の軽量化も図っている。このように、ダンパーの信頼性の違いも台車設計に反映されている。

　軸箱支持方式については、台車枠と軸箱の相対変位をどのように吸収するかが課題である。直線での高速走行のためには軸箱の移動をなるべく抑える（硬くする）ことが望ましく、曲線走行では移動を許容する（柔らかくする）ことが望ましい。両者のバランスをいかに取るかがノウハウ

8 車両技術の概要

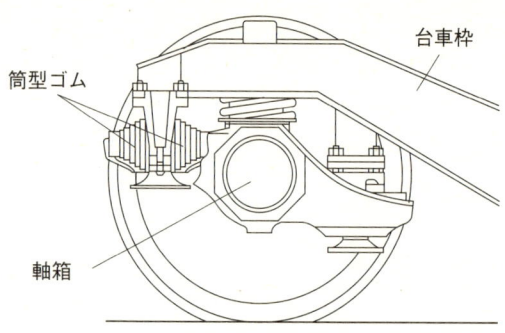

筒型ゴム式軸箱支持

ゴムと鋼板を円筒状に数枚積層した筒型ゴムで軸箱の前後を支持する。ゴムの固さを調整することにより、軸箱の支持剛性を変えることができる。上下荷重は別に設けたコイルばねで受ける。

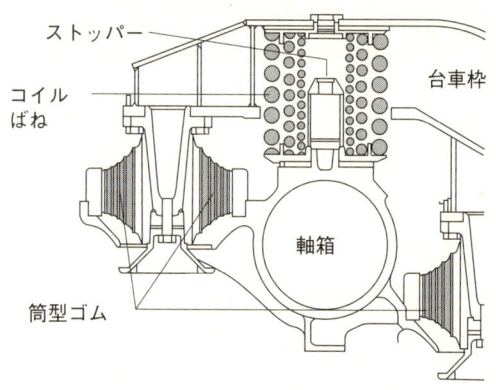

TGV-SEの台車（筒型ゴム式）

コイルばねが全圧縮となった場合には、軸箱の上のストッパーで受ける構造としている

図8-26：TGV-SEの台車（筒型ゴム式）

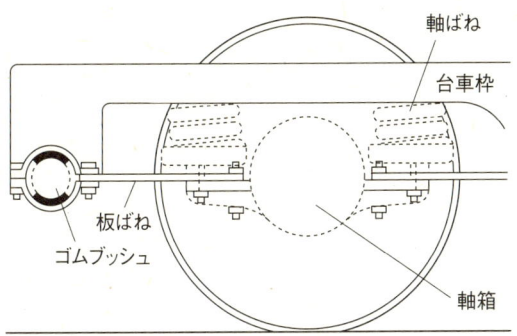

図8-27：0系の台車（IS式）。軸箱両側に板ばねがあり、それがゴムブッシュを介して台車枠に取り付けられている。ゴムブッシュはそれぞれ上下、前後の変位を吸収する

となっている。

　TGV-SEは軸箱と台車枠の間を筒型ゴムでカバーした筒型ゴム式を採用し、比較的左右方向に柔らかい構造としている（図8-26）。一方、新幹線0系は軸箱と台車枠を板ばねで結ぶIS式を採用し、左右方向に硬い構造を採用した（図8-27）。しかし、その後の発展の中で、TGVは硬い軸はり式に変更し（図8-28）、新幹線はIS式よりもやや柔らかくした軸はり式、ウィングばね式、板ばね式とバリエーションを増やしており、台車全体としての性能を追求している。写真8-4はJR東海700系の台車で、円筒案内式を採用している。

　新幹線は、高速化のため軽量化要求も厳しくなっている。0系は軸重16t（満車時）で設計されたが、300系以降は沿線の地盤振動抑制の観点から軸重11t以下で設計され

8 車両技術の概要

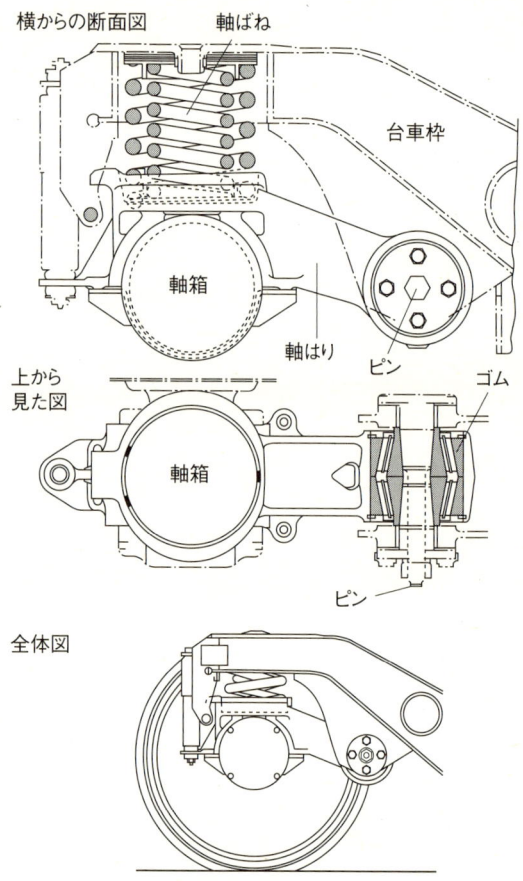

図8-28：TGV-Aの台車（軸はり式） ピンを中心に軸はりが回転し、軸箱の上下方向の変位を吸収する。ピンの周りのゴムの弾性により、左右方向の剛性を制御している

写真8-4：JR東海700系の台車

るようになった。台車の軽量化のため、台車の回転と、車体との動力伝達機能を担っていたボルスターを空気ばねのたわみで代替させて軽くする、ボルスターレス台車（図8-29）が開発された。ボルスターレス台車そのものは100年以上前からあったが、急曲線や、軌道が凸凹であると脱線しやすい傾向にあり、ボルスター付き台車（ダイレクトマウント台車＝図8-30）が広く使用されていた。現在でも一部の私鉄ではボルスター付台車を使用している。

　新幹線は軌道もよく整備され、曲線も少ないことから、台車軽量化のために、ダイレクトマウント台車に代わって、ボルスターレス台車が採用されるようになった。また、車輪径も910mmから860mmへと一回り小さくなり、車軸も中ぐり（中空）車軸が用いられるようになった。車輪径を小さくできたのは、前項で述べたように直流電動機

に代わって小型で強力な誘導電動機が採用されるようになったからである。

E1系やE4系は電動機出力が400kW以上と大きいため、車輪径は910mmとなっている。

駆動用電動機はどこに取り付ける

駆動用電動機をどこに取り付けるかが問題である。台車枠または車両の床下に取り付けるのだが、このとき、車軸と電動機の間に相対的な変位を吸収しつつ動力を確実に伝える「可とう継手」が必要である。

高速走行では台車のばね下質量（車輪、車軸、駆動歯車）をいかに小さくするかが課題である。軌道への影響、走行安定性に直結するからである。

TGVは機関車の床下に駆動用電動機を取り付け、トリポードと呼ばれる特殊な可とう継手で駆動力を駆動歯車に伝えている（図8-31）。台車そのものの質量も軽くすることが、ばね下質量軽減に寄与するとの考えからである。

新幹線は電車の伝統を引き継いで、台車枠に駆動用電動機を取り付け、たわみ歯車継手（WN継手）またはTD継手で駆動力を駆動歯車に伝えている（図8-32）。

これらの継手は、車両の走行に伴う電動機軸と駆動歯車軸との変位を吸収して駆動力を確実に伝えるためのものである。WNまたはTD継手は主に二次元の変位を吸収すればよいが、トリポードは三次元の変位を吸収する必要がある。

電動機の回転数が最高6,000rpm（Rotation per minuteの略、毎分の回転数）程度の高速回転で大きなトルクを伝

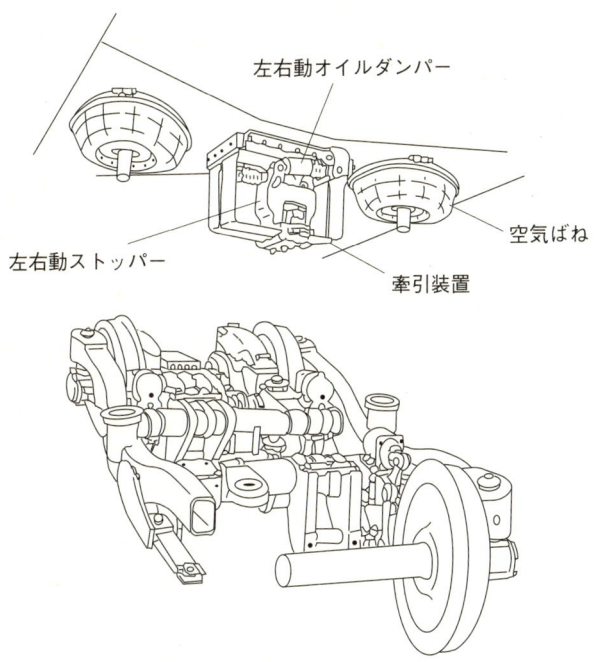

図8-29：ボルスターレス台車。上下、左右および回転方向の変位は空気ばねがたわむことで吸収している。台車で発生する駆動力やブレーキ力は牽引装置で車体に伝えられる

えるには、高い機械的精度が要求される。WN継手に比べてトリポードの製造には格段の難しさがあるものと思われる。それにもかかわらず採用したのは、大電動機でもばね下質量を小さくしたいとの目的からであった。ドイツのICEはさらに複雑な駆動力伝達機構を採用している。

8 車両技術の概要

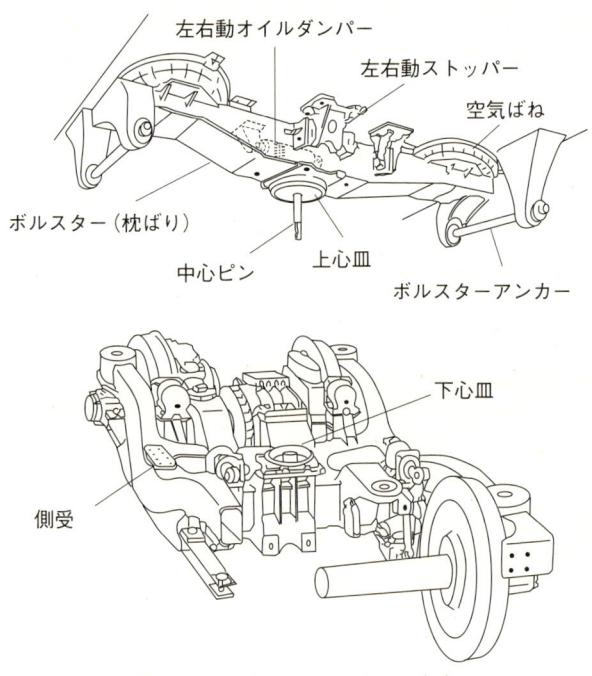

図8-30：ダイレクトマウント台車

連節部の構造

　TGVにあって新幹線にないものは連節構造である。連節構造は編成全体の台車数を減らし、質量軽減にも役立つ。しかし、軸数が少なくなるので、軸重が大きくなる。また、車体長も短くせざるを得ない。台車と台車の間隔が制限されているためである。したがって、一両当たりの定員をなるべく多くしたい新幹線の場合、軸重増加と短い車

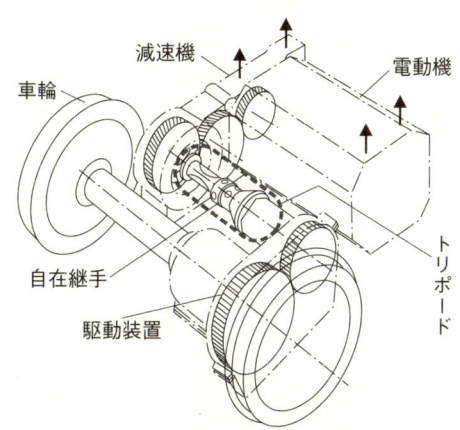

図8-31：トリポード（TGV）。車体に電動機を取り付け、電動機の駆動力を、トリポードで車軸に取り付けた駆動装置の歯車に伝える。トリポードは軸方向に伸縮し、自在継手により上下、前後方向の変位を吸収する。このようにして電動機と車輪の間の三次元的動きに対処して、駆動力を車輪に伝えている

体長はマイナス評価となる。

　TGVの各車体は連節台車のボルスターの上に設けた心皿でつながれている（図8-33）。編成としてみると剛結合である。一方、新幹線電車は車両が独立したボギー車となっており、各編成としてみると柔結合である。これが脱線時の挙動に影響があるといわれているが、実際に試験したデータはない。乗り心地は連節車のほうがよいとの意見もあるが、国鉄やJR東日本が実際に連節車をつくって、

8 車両技術の概要

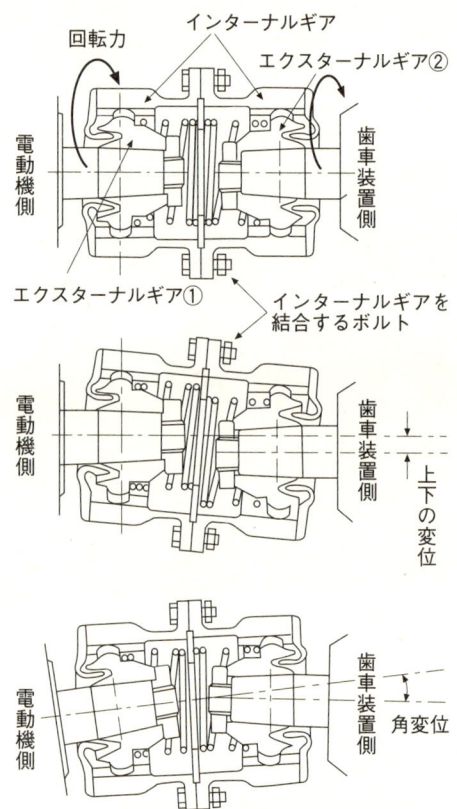

図8-32：たわみ歯車継手（新幹線電車の駆動装置）。筒の内側に溝を切ったインターナルギアと、それに対応するエクスターナルギアを2組用い、インターナルギア同士をボルト結合して、それぞれのエクスターナルギアに取り付けた軸の相対変位を許容する。歯車側に回転がエクスターナルギア①、インターナルギア、エクスターナルギア②の順で伝えられる。上下の変位と角変位に対応する

写真8-5：TGV-Aの連節部

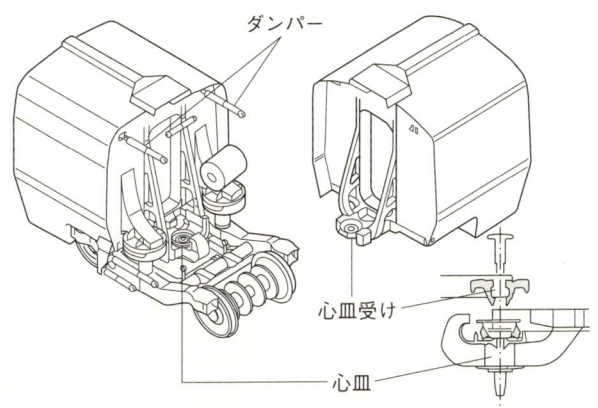

図8-33：TGVの連節構造。台車は一方の車体を空気ばねで支持し、車体同士は心皿で結合している。また、車体上部のダンパーで車両間をつないで、動揺を抑えている

比較試験を行ったが、大きな差がないとの結論が出されている。

　列車の連結、極端な場合は障害物との衝突の場合、衝撃エネルギーをどのようにして吸収するかという課題がある。連節の場合は、車両間では吸収できないので、先頭車で大部分を吸収する必要がある。このため、車体の一部を変形させてエネルギーを吸収する構造がTGV-Duplex以降の車両に採用されている。新幹線は各車両間の連結器に設けた緩衝器で吸収する思想でつくられている。この場合、列車同士の衝突や障害物との衝突はATCや障害物検知装置で防ぐようにしている。

8.5　ブレーキシステム

　高速から列車を停止させるために、電気ブレーキと空気ブレーキが使われる。電気ブレーキは自動車のエンジンブレーキに相当し、走行用電動機をブレーキ時には発電機として使って、ブレーキエネルギーを電気エネルギーに変換する。空気ブレーキは圧縮空気でブレーキパッドをディスクに押し付けて、機械的にブレーキ力を得る。

電気ブレーキ

　電気ブレーキには発電ブレーキと電力回生ブレーキ（以下、回生ブレーキという）の2種類がある（図8-34）。発電ブレーキは、ブレーキエネルギーを電気エネルギーに変換し、さらに車両に搭載している抵抗器で熱に変換して放散する。抵抗器の大きさで発電ブレーキとして使えるブレーキ力が決まるが、ほかの車両や変電所の影響を受けない

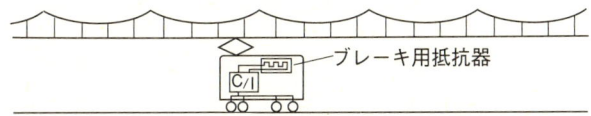

発電ブレーキ　電動機を発電機としてブレーキエネルギーを電気エネルギーに変換し、それをC/I（コンバーター/インバーター）で電圧を調整して、ブレーキ用抵抗器で熱エネルギーに変えて、大気中に放散する

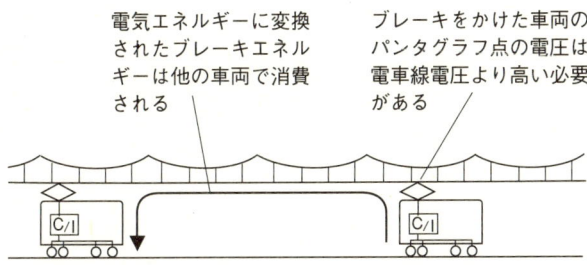

電力回生ブレーキ　ブレーキエネルギーは電気エネルギーに変換され、パンタグラフを介して電車線に戻り、他の車両の走行用エネルギーとして消費される。他の車両が消費しない場合は、変電所を経由して電源側に戻すことができる

図8-34：発電ブレーキと電力回生ブレーキ

ので、常に安定したブレーキ力を得ることができる。また、電力変換装置も比較的単純な構造とすることができ、地上設備にも変更を加えることがないので、TGV-SE、TGV-A、新幹線0系、100系、200系に使用されている。

一方、回生ブレーキは、車両で発生したブレーキエネルギーを電気エネルギーに変えるところまでは発電ブレーキと一緒だが、電気を電車線に戻して近くを走行中のほかの

	TGV	新幹線
ブレーキ指令	電気信号（加圧時間）＋空気圧の減圧	電気信号（デジタル信号）
ブレーキ作用	空気圧の減圧によりブレーキ弁がブレーキシリンダーへの空気圧力を調整し、ブレーキパッド等を押し付ける。	電気信号をブレーキ弁で空気圧に変換してブレーキシリンダーへの空気圧を調整。ブレーキシリンダーの力は油圧により増幅されてアクチュエータでブレーキパッドを押し付ける。
電気ブレーキと空気ブレーキ	それぞれマニュアル制御	自動的に電気と空気のブレンド制御

表8－2：TGVと新幹線のブレーキ方式の違い

列車で消費するか、または電源側に戻して全体で電力を消費するシステムである。回生ブレーキを使うためには、ブレーキ時に作られる電気を電源側と同じ周波数、波形、位相として、なおかつ電車線電圧よりも高くする必要がある。複雑な条件が絡み合っているので、列車と変電所との距離やほかの列車との関係で電流を流す条件が変わる。このように、発電ブレーキに比べると、回生ブレーキは技術的に格段に難しくなる。車両の変換装置がさまざまな条件に応じて、ブレーキエネルギーから変換された電気を電源側に返している。これはGTOサイリスターやIGBT（Insulated Gate Bipolar Transistor）といった最新のパワーエレクトロニクスによって可能となった。

連続する急こう配区間を走行するためには、車両に搭載できる抵抗器の大きさに限界があるので、発電ブレーキでは、こう配を下るときの速度を制限せざるを得なくなる。

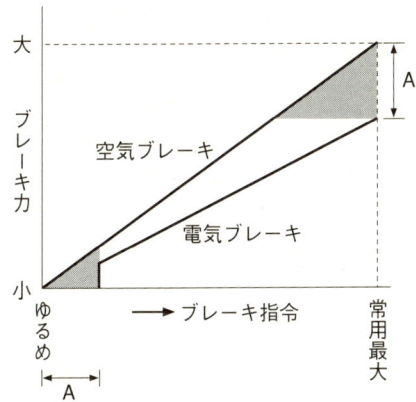

図8-35：電気ブレーキと空気ブレーキのブレンド制御　電気ブレーキは、高速域では電動機（発電機として使用）の電圧が高くなりすぎ、フルブレーキをかけられない。一方、停止寸前の低速域では、電動機のき電力が低くなり、ブレーキ力が弱くなる。このような電気ブレーキの弱点を克服するため、所要ブレーキ力のうち、電気ブレーキでカバーできない部分（A）を空気ブレーキで補う。電気ブレーキ、とくに電力回生ブレーキは、速度、線路上の他の列車の状態によりブレーキ力が変動する

また、車両の軽量化の面からも発電ブレーキに代わる回生ブレーキの採用が推進された。

　回生ブレーキは、TGV-POS、新幹線300系、500系、700系、N700系、E1系、E2系、E3系およびE4系に採用されている。

電気と空気のブレンド制御

　電気と空気を混ぜる（ブレンド）といってもピンとこな

いかもしれない。ブレーキに電気ブレーキと空気ブレーキがあることは先に述べたとおりである。減速するためにはブレーキ力が必要であるが、電気も空気も速度によってブレーキの利き方が違う。また、空気ブレーキを多く使うと機械部品の摩耗によってメンテナンスも増えることになる。したがって、電気ブレーキと空気ブレーキの両方を使うのが一般的である。電気ブレーキを目いっぱい使って、足りない分を空気ブレーキで補っている（図8-35）。新幹線はこれを自動的に行っている。

TGVは動力集中式であり、電気ブレーキは動力車しか使えない。このため、電気ブレーキも空気ブレーキもそれぞれマニュアルで操作している。高速から減速するときは動力車の電気ブレーキを働かせ、途中から空気ブレーキをかけている。客車は空気ブレーキのみである。停車駅が少ないのでこのようなシステムでも問題ないものと思われる。

在来車両と互換性のあるTGV vs. 在来車両から独立した新幹線

20世紀の鉄道が飛躍的進歩をとげたのは自動空気ブレーキの発明によるところが大きい（図8-36）。

自動空気ブレーキはブレーキエネルギーを供給するブレーキ管を各車両に引き通して、各車両の補助空気タンクに圧縮空気を貯めておく。運転士からの指令でブレーキ管圧力が下がると、圧力の下がった分に応じて、各車両のブレーキ弁が補助空気タンクの圧縮空気をブレーキシリンダーに送り込んでブレーキをかける。車両が分離すれば、ブレ

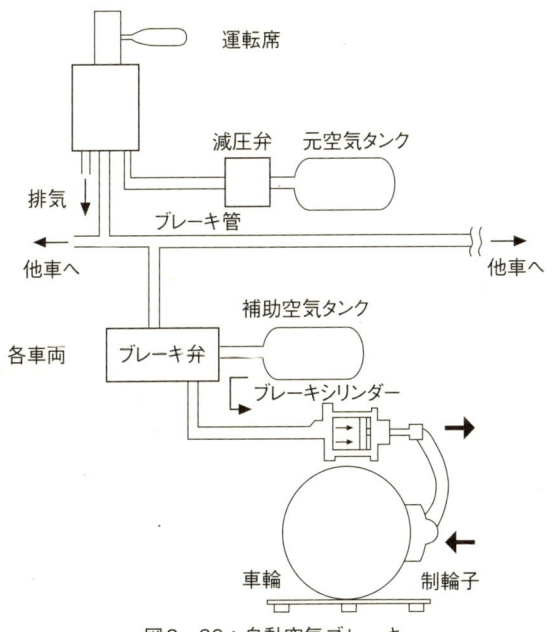

図8-36：自動空気ブレーキ

ーキ管が切れて圧力が急激に低下するので、非常ブレーキがかかる。このようにして重大事故を防いでいる。このシステムは単純であるが、空気圧の減圧という手段で指令を車両ごとに伝えるので、応答速度が遅くなる欠点がある。

　TGVはこの従来のシステムを基本に、減圧と並行して電気信号で各車両の電磁弁を動作させてブレーキ指令を送り、応答速度を速めている。

　新幹線は、200系からブレーキ指令を空気ではなく電線による電気指令としている。各車両には電線のほかにブレ

8 車両技術の概要

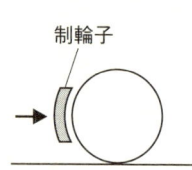
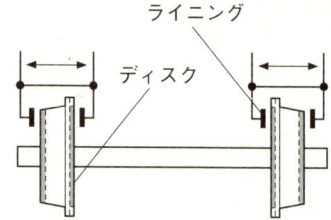

踏面ブレーキ　　　　　車輪付きディスクブレーキ

図8-37：空気ブレーキの種類。踏面ブレーキでは鋳鉄制輪子を車輪の踏面に押しつける。車輪付きディスクブレーキではライニング（ブレーキパッド）でディスクをはさみこむ

ーキエネルギー供給用の元だめ管を引き通している。また、先頭車→最後尾車→先頭車の経路で電線ループをつくり、常に電流を流しておき、車両間の連結が外れたときには電流も断たれるので、車両間の連結が外れたことを検知し、一斉に非常ブレーキをかけるようにしている。性能的には電気指令が優れているが、自動空気ブレーキ付き車両と混在して走ることの多いTGVは互換性を重視している。

空気ブレーキは最終的には車輪踏面にブレーキシューを押し付けるか（踏面ブレーキ）、ブレーキディスクにパッドを押し付けるかでブレーキ力を作用させる（ディスクブレーキ）。

TGVの動力車は踏面ブレーキのみであり、客車はディスクブレーキと踏面ブレーキを併用している。踏面ブレーキには鋳鉄制輪子を使って、車輪踏面を荒らして粘着（摩

231

擦）係数を増すようにしている。客車は各車軸に4枚のディスクを取り付けている。

　新幹線はディスクブレーキのみであり、0系が全電動車でスタートしたこともあり、取り付けスペースを節約するために車輪の両側にディスクを取り付けている。ブレーキディスクは車輪の表と裏に各1枚、1軸で4枚取り付けている。車輪踏面にゴミ等が付着して粘着性能が低下するので、ブレーキ時に踏面清掃子を押し付けて、安定したブレーキ性能を確保している（図8-37）。

9 TGVと新幹線車両比較（第1世代）

新幹線電車とTGVを別々に紹介する方法もあるが、技術発達の経過を分かりやすくするため、営業用車両について時系列で紹介する。ここでは200km/hの壁を乗り越え、高速鉄道の効用を世の中に認めさせたグループを第1世代に分類する。250〜300km/hでの営業運転を実現し、連続こう配線区での運行、座席数の増加あるいはネットワーク拡大といった多様なニーズに対応して開発されたグループを第2世代に分類する。300km/h超の速度向上、情報技術導入等の技術革新を狙って開発されたグループを第3世代に分類する。

9.1 日本——新幹線電車開発までの道のり

営業運転速度は1960年代に標準軌のヨーロッパでは160km/h、狭軌の日本では110km/hに達していた。しかし、鉄道システム全体としては在来技術の延長上で実現したものであった。また、高速道路と航空機の発達により徐々に鉄道の役割も狭められ、鉄道斜陽論が言われていた。

このような状況の中で、200km/h超の高速鉄道を開発することは一種の冒険であり、国の理解を得られない中で、日本国鉄もフランス国鉄も地道に技術開発を続け

200km/h運転の可能性を探っていた。日本が最初にその壁を破り、高速鉄道を世間に認めさせた。在来技術の延長線上にあるものの、鉄道システムとしては在来線から独立した新しいものを創り上げたことに意味がある。

東海道新幹線の開業

第二次大戦の痛手から立ち直り、経済成長の軌道に乗った1950年代後半に東海道線の輸送力不足が深刻になった。東海道線の輸送力増強のため、在来線から独立した標準軌の新線を建設することになった。

第二次大戦前の弾丸列車計画では機関車牽引であったが、戦後の日本の輸送が機関車から電車にシフトするのに合わせて、新幹線も電車採用が基本方針となった。軸重を軽くし、軌道への影響も軽減でき、列車長さあたりの座席数を多くできることが電車の魅力であった。

狭軌の在来線電車の163km/h試験等により電車での高速列車実現に自信を深めた後、交流電化、高速走行を可能とする軌道、自動列車制御装置（ATC）、列車集中制御装置（CTC）、跨線橋からの落下物検知等の開発が進められた。そして、東海道新幹線開業に先立って、システム全体の確認試験のために鴨宮（神奈川県）に試験線が設けられ、未知の200km/h走行に関する貴重なデータを得て、1964年の東海道新幹線開業にこぎつけた。この中で、トンネルへの出入りや対向列車とのすれ違いによる車内気圧変動が問題となり、営業用車両では車体気密構造が採用された。

9 TGVと新幹線車両比較(第1世代)

0系新幹線電車——世界最初の高速電車(1964年営業運転開始)

東海道新幹線開業に合わせて開発された。狭軌在来線から独立した標準軌を採用し、長距離列車に動力分散式の電車を導入して、世界初の200km/h超運転を実現した。東京‐新大阪間は1964年10月に開業し、速達列車の超特急「ひかり」と各駅停車の特急「こだま」の2つの種類の列車が運行されるようになった。開業から1年間は、東京‐新大阪間がひかり4時間10分、こだま5時間10分であったが、その後それぞれ3時間10分、4時間10分に短縮された。

大きな輸送力、軽量化および加減速性能の向上を狙い、すべての車両に電動機を搭載した全電動車方式の電車である。軸重を16tとしたことは地上構造物の建設費低減にもつながった。当時のヨーロッパにおいては、長距離列車は機関車牽引が常識であり、電車は都市交通に専ら使われていたので、210km/h運転と合わせて大きな刺激を与えた。

電気方式は交流25,000V、60Hzであり、東海道新幹線富士川以東は50Hzエリア

電気方式	AC25,000V, 60Hz
編成	16M(最盛期の編成)
編成長	400m
編成質量(空車)	960t
定員(G/普通)	1,315 (132/1,183)
最高速度	220(当初は210) km/h
編成定格出力	11,840kW

表9‐1:0系新幹線電車主要諸元表

写真9-1：0系新幹線電車

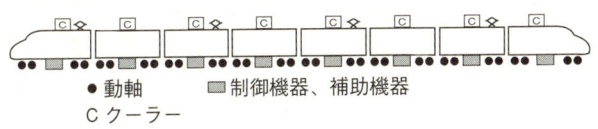

● 動軸　■ 制御機器、補助機器
C クーラー

図9-1：0系、200系（動力分散式）の構成

であるが、変電所に周波数変換装置を設けて、50Hzを60Hzに変換して給電している。交流専用であるので、冷房装置や機器冷却用送風機は単相交流駆動として、変圧器3次巻線から440Vを供給している。三相に比べ単相交流電動機は重くなり、効率も悪いが、三相交流をつくるための変換装置が不要になるので、システム全体としては効率的となる。制御回路および照明用電源は電動発電機から供給している。

　パワーエレクトロニクスが発展途上にあったので、変圧

9 TGVと新幹線車両比較(第1世代)

器の2次巻線を分割して電圧を制御する低圧タップ切換式を採用し、交流電流を整流器で直流に変換して直流電動機を駆動した。電気的には2両1組のユニット方式を採用し、パンタグラフは2両に1台を搭載している。高速走行で電車線への追従性を良くし、空気抵抗を減らすために、電車線高さを5.2mのほぼ一定としてパンタグラフを小型化した。

ブレーキは、発電ブレーキと空気ブレーキの併用である。全電動車としたため、電動機出力は一台当たり185kWであり、設計的にも無理をしなかったので、保守上の問題も少なく、長期間にわたって同じシステムが使用された。

車体はスチールで外板の隙間をすべて溶接で埋めて空気が漏れないようにした車体気密構造を採用した。換気装置はトンネルに入る手前で給気口と排気口をダンパーで締め切って車内の気圧変動を抑制するダンパー方式であったが、山陽新幹線が建設されるときに、トンネル区間が長くなり、換気量が不足することが想定され、連続換気装置が開発された。連続換気装置はこれ以降の新幹線電車の標準装備となった。暖房はヒートポンプ方式を採用し、暖房用ヒータを設けていない。冷房装置はユニットクーラー10台を屋根上に搭載している。

在来線から独立した線路であったので、車体長25mとなり、車体幅3.4mを活かして、グリーン車(当時1等車)は2＋2列、普通車(当時2等車)は3＋2列座席を採用し、大きな輸送力を実現した。グリーン車の座席はシートピッチ1,160mmの回転式リクライニングシートを、普

通車はシートピッチ940mmの転換式シートを採用した。便洗面所は2両に1ヵ所とし、洗面所、男子小用便所も設けた。これが新幹線電車の基本となった。登場時の編成はグリーン車2両、普通車8両、半室ビュフェ付普通車2両の12両編成であったが、輸送量の増加に対応して16両編成となった。山陽新幹線開業後も製造が続けられ、「ひかり」編成には食堂車を組み込み、グリーン車2両、普通車12両、食堂車1両、半室ビュフェ付普通車1両となった。食堂車は2+1列の食事室と通路を分離し、座席数は42であった。

　1964～1985年の約20年間にわたって全部で3,216両が製造された。後期製造のものは窓を小型にし、普通車座席をシートピッチ970mmのリクライニングシートとしている。国鉄最後の1986年に最高速度を220km/hに引き上げており、騒音対策としてパンタグラフ支持ガイシ部側面にカバーを設けている。最盛期は16両編成で使用されたが、最近は、山陽新幹線の区間運転用として4両または6両の編成も使われている。輸送需要に応じて編成両数を弾力的に変えることができるのも電車のメリットである。2008年11月に営業運転は終了される予定。

9.2　フランス——TGV-SE開発までの道のり

TGV南東線の開業

　フランスは在来線を使用して200km/h運転を1970年代に開始したが、機関車牽引で一日数本のレベルであった。高速運用に出力7,200kWの6軸電気機関車、車体傾斜式客車が開発された。軸重21tの機関車は軌道に対する影響

9 TGVと新幹線車両比較（第1世代）

も大きく、車体傾斜式客車も期待したほどの成果を上げられなかった。同時に、高速列車専用の新線建設と高速列車の開発が進められた。これはSNCF自身のプロジェクトであり、資金調達もSNCFが行ったことは日本の東海道新幹線と相通ずるものがある。

　高速車両の開発はガスタービン動力でスタートした。東海道新幹線では電車線からの集電が問題であり、パンタグラフと電車線の間に瞬間的な離線による火花が数多く発生し、電車線の保守や火花に起因する電磁雑音が大きな問題となった。フランスは集電問題を回避するため、軽量で大出力が得られるガスタービンに目をつけた。在来線用のガスタービン動車による実績を積み重ね、試作車TGV-001を製造し、1972年に318km/hを達成した。TGV-001は動力集中式、連節式客車といったTGVの基本となるシステムを採用している。しかし、ガスタービンは燃費が悪く、オイルショックにより、フランスも電気動力採用に方針を変更した。その結果、TGV-SEが開発された。

TGV-SE——ヨーロッパ最初の高速新線用列車（1981年営業運転開始）

　TGV南東線開業に合わせて開発された最高速度270km/hの高速車両であり、TGV-Sud Est（南東線）と命名された。中型旅客機並みの輸送力でパリと主要都市間を短時間で結ぶコンセプトで開発された。パリ－リヨン間410kmを2時間で結ぶ。このほかに、高速新線と在来線を直通して、パリ－ジュネーブ間等に高速列車が運行されるようになった。ちなみに高速道路が発達しているフランスでは、

電気方式	AC25,000V, 50Hz/DC1,500V
編成	M+8T+M
編成長	200m
編成質量(空車)	385t
定員(1等/2等)	345 (69/276)
最高速度	300 (当初は270) km/h
編成定格出力	6,450kW (AC25,000V) 3,100kW (DC1,500V)

表9-2：TGV-SE主要諸元表

パリ－リヨン間は自動車で4時間程度であり、速度にこだわった理由もここにある。

交直流（AC25,000V、50Hz/DC1,500V）であり、編成長200mを1つの単位とした。速度向上と在来線直通のため車体断面を小さくしている。一方、採算性確保のため、シートピッチは、1等912mm、2等860mmと狭くなっている。

動力車2両の間に連節式客車8両を連結する。新幹線の動力分散式に対し、動力集中式にこだわった。

混雑時は2編成を連結している。客車の長さは18.7mであり、1等車2両、2等車5両、半室バー2等車1両の編成である。食堂車は設けず、1等車シートサービス（予約のみ）、2等はバーで軽食を摂るスタイルとした。しかし、シートサービスもバー営業も縮小の傾向にある。また、オール1等車の編成もある。

座席は回転しない集団見合い型座席配置を採用し、車体幅2.8mであり、1等車は2＋1列、2等車は2＋2列の座席配置となった。座席数確保のため座席前後間隔を詰めたことが不評で、開業後まもなく一両当たり1～2列減らして、座席間隔を若干広げている。この結果、1等972mm、

9 TGVと新幹線車両比較(第1世代)

写真9-2:TGV-SE

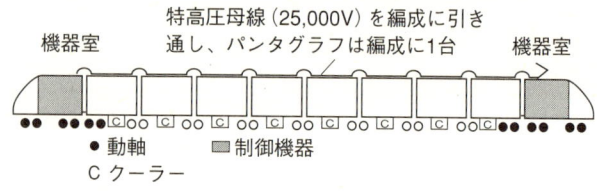

図9-2:TGV-SE(動力集中式)の構成

2等864mmとなった。

　動力車先頭部の連結器は電気回路と空気管も連結できる密着式シャーフェンベルグ連結器を採用し、編成同士の連結作業を容易にしている。動力車と客車の間はヨーロッパで一般的に使われているリンクとバッファーのねじ式連結器、空気ホース、電気連結器を使用している。これは既存の電気機関車で回送することを考慮したためである。

TGVメーカーのアルストーム社は客車を大西洋に面したラロッシェルで製造し、機関車は内陸部のベルフォールで製造した。両者の組み立てをベルフォールで行うため、客車の回送が発生する。

　直流電動機駆動を採用し、交流区間はサイリスター位相制御、直流区間はサイリスター・チョッパー制御で速度を制御する。ブレーキは発電ブレーキと空気ブレーキの2種類である。十分な動力を提供するために12個の動力台車（動軸）が必要で、そのために動力車の隣の客車の台車も電動台車としている。TGV開発当時、ドイツやスイスは既に交流誘導電動機駆動技術を開発中であったが、フランスと日本は直流電動機にこだわった。ドイツ、スイスは、交流整流子電動機を使用して整流子の保守に手を焼いており、フランスは安定した性能の直流電動機から交流誘導電動機に変えるメリットを見出せなかったからである。しかし、設計上の問題もあって、TGV-SEに採用した525kW直流電動機でも、整流子の保守が問題となった。これが次のTGV-Aでの交流同期電動機採用の動機となった。

　パンタグラフは交流用と直流用の両方を搭載し、電源切換もパンタグラフで行っている。スイス乗り入れ用TGVはスイス用のパンタグラフをさらに1台搭載している。交流用パンタグラフは新線と在来線直通のため動作範囲を大きくする必要があり、AMDE形二段式パンタグラフが採用された。更新の際に改良型のCx形パンタグラフに交換している。

　冷房装置等の電源は動力車から三相交流380Vを給電している。制御回路および照明用電源は動力車から直流72V

9 TGVと新幹線車両比較（第1世代）

を供給している。この直流72Vは各車両のバッテリーとつながって、常時バッテリーを充電しておき、交‐交セクション通過時に電源断となったときには、バッテリーから電源が供給される（浮動充電方式）。

車体はスチールであり、客車の台車の枕ばねは当初金属コイルばねであったが、乗り心地改善のため、空気ばねに変更されている。

交流区間では交流用パンタグラフを編成に1台、直流区間では直流用パンタグラフを各動力車に1台使用する。交流区間では屋根上に引き通した高圧25,000Vケーブルで両端の動力車を電気的につなげている。客車間には高圧ケーブルのジョイントを設けていないので、連節構造と相まって工場入場時を除いて客車同士を分離することはできない。

ブレーキは、動力車は発電ブレーキと空気ブレーキ併用であり、客車は空気ブレーキのみである。

一部スイス乗り入れ用編成はAC15,000V、16 2/3Hzを加えた3電気式となっている。全室を荷物室とした郵便編成もある。

製造から18年経過し、更新修繕により内外装の変更と合わせて、高速走行時の電動機の整流性能向上のための改造を行い、一部が300km/h仕様となっている。1978年から製造され、営業開始は1981年である。試験では当時の世界記録380km/hを達成した。

南東線のみでの使用であったが、現在は北ヨーロッパ線でも使用されている。

9.3 国鉄末期の新幹線電車

200系新幹線電車——耐雪仕様のアルミ車体（1982年営業運転開始）

　東北・上越新幹線用に開発された。東北新幹線は「やまびこ」と「あおば」、上越新幹線は「あさひ」と「とき」の列車が運行され、首都圏と仙台、盛岡および新潟を在来線の半分の時間で結ぶようになった。

　積雪地帯を走行するため、雪対策を徹底的に行った。東海道新幹線では、関ケ原の積雪で床下機器に雪が付着して凍結し、暖かいところでそれらが落下してバラストを跳ね上げ、床下機器の損傷や窓ガラス破損の原因となっていた。また、電動機等の冷却風に雪が混ざり、絶縁破壊も引き起こしていた。

　東北・上越新幹線では分岐器部分を除いて全面的にバラスト不要のスラブ軌道が採用された。車両側では、車体外板下部を床下機器下辺まで伸ばして床下機器を車体内部に取り込むボディマウント構造を採用した。車体台枠のほかに機器取り付け用台枠を最下辺に設け、機器の着脱は機器

電気方式	AC25,000V, 50Hz
編成	12M（登場時の編成）
編成長	302m
編成質量（空車）	697t
定員（G／普通）	885（52/833）
最高速度	275（当初は210）km/h
編成定格出力	11,040kW

表9-3：200系新幹線電車主要諸元表

9 TGVと新幹線車両比較（第1世代）

写真9-3：200系新幹線電車

台枠を下に降ろして行う。冷却風取り入れ口に遠心分離で粉体を分離するサイクロンの原理を応用した雪切り室を設けて、雪を分離するようにした。また、線路上の積雪を押しのけて走行するため、電動機出力も185kWから230kWへと25％大きくなった。これらの結果、車体が重くなるので、アルミニウム車体が採用された。線路は東海道よりも強化され軸重17tでつくられた。

全電動車方式が採用され、最初はグリーン車1両、普通車10両、半室ビュフェ付き普通車1両の12両編成であったが、輸送需要に弾力的に対応するため、8両や10両編成もつくられた。また、JR発足後は二階建付随車2両を組み込んだ16両編成も登場している。最小限の新造両数でこれらの編成組み換えを行うため、中間車に運転台を取り付ける「先頭車改造」等が行われた。一部の車両は内外装の

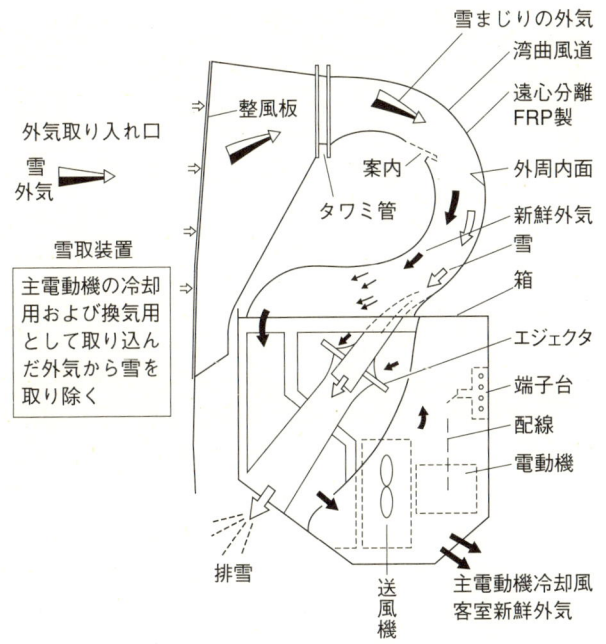

図9-3:200系の雪取装置 雪まじりの空気のうち、雪は重いので、湾曲風道に入ると遠心力で外側に飛ばされ、排雪される。雪を除いた空気のみが車内に取り込まれる。

リニューアルが行われている。なお、二階建付随車は、階上はグリーン席、階下は普通車個室またはカフェテリアとなり、食堂車は最後までつくられなかった。一部の編成は後述のミニ新幹線電車と連結するため、自動連結装置を取り付けている。

外気温が東海道よりも低くなるのでヒートポンプは採用

9 TGVと新幹線車両比較（第1世代）

されず、冷房装置内に暖房用ヒータを組み込んでいる。大容量のものを2台、屋根両端部に設置して、屋根表面を平滑にした。普通車座席も折り畳みテーブル付のリクライニングシートとなり、シートピッチは970mmに広げられた。しかし、2人掛けは回転するが、3人掛けは回転しないので、評判は芳しくなかった。同じ座席が0系の増備車にも採用された。グリーン車のシートピッチ1,160mmの回転式リクライニングシートは0系と同じである。

電気方式は東日本の商用周波数に対応した交流25,000V、50Hzであり、直流電動機駆動であるが、電動機に加える電圧を連続的に制御して、乗り心地と加速性能を向上したサイリスター位相制御が採用された。冷房装置等は0系と同様に主変圧器3次巻線から単相交流400Vを供給する単相交流電動機駆動である。制御回路および照明電源は0系のような電動発電機ではなく、3次巻線の単相交流400Vを直流100Vに変換して供給している。直流100Vはバッテリーの浮動充電方式であり、車内照明の蛍光灯は直流をインバーターで交流に変換して点灯している。このようにして、交-交セクション通過時に瞬時停電があっても照明が消えないようにしている。

東海道新幹線の0系は乗務員2名、検査係1名の3名で運行されていた。200系は乗務員1名での運行を可能とするため、列車編成内の各機器の状態をオンラインで監視でき、必要に応じて応急措置を行えるようにした機器モニタリングシステムを導入した。

ブレーキは電気ブレーキと空気ブレーキの併用であるが、付随車についてはディスクブレーキのみであり、先に

登場した100系の二階建車とは異なっている。

　登場時は電動車2両に1台のパンタグラフを搭載していたが、240km/h運転用に高圧ケーブルで電動車を電気的につないで、パンタグラフを編成に2台とした。さらに、275km/h運転用編成もつくられた。東北・上越新幹線はBTき電ではなく、最初からATき電で電化されていたため、高圧ケーブルの引き通しが可能となった。

100系新幹線電車──0系の後継車（1985年営業運転開始）

　東海道新幹線の0系の改良型として国鉄末期の1985年に登場した。東海道新幹線開業以来20年間ほとんど変わらなかったサービス水準を一挙に改善した。展望の良い食堂車、グリーン車連結と合わせて、普通車は3列座席でも回転し、リクライニング角度を大きくした。100系登場後しばらくして最高速度を220km/hに引き上げ、東京－新大阪間は2時間56分と3時間を切るようになった。

　駆動システムは200系と同じサイリスター位相制御直流電動機駆動である。コスト低減のためス

電気方式	AC25,000V、60Hz
編成	12M4T
編成長	402m
編成質量（空車）	925t
定員（G/普通）	1,277（124/1,153）
最高速度	220km/h
編成定格出力	11,840（100N系は12,960）kW

（注）定員は登場時の編成

表9-4：100系新幹線電車主要諸元表

9 TGVと新幹線車両比較（第1世代）

写真9-4：100系新幹線電車

チール車体が採用され、200系のボディマウント構造は採用されなかった。その代わり、床下機器を塞ぎ板で覆って機器への着雪を少なくしている。

電動機のパワーアップに伴い16両編成中の電動車を12両とした12M4T編成となり、新幹線で初めて電動機なしの制御車2両と付随車2両を連結した。付随車2両は二階建とし、うち1両は食堂車として、階下を厨房と通路にして、快適な食事空間を実現し、テーブル数を増やすことができた。もう1両はグリーン車とし、階下を個室とした。普通車座席も回転式リクライニングシートとして、不満を解消した。3人掛け座席を回転させるため、シートピッチを1,040mmとした。試作車普通車は座席1列ごとの小窓を採用したが、量産車は2列ごとの大窓となった。

冷房装置は大容量のものを2台、車両両端の屋根上に搭

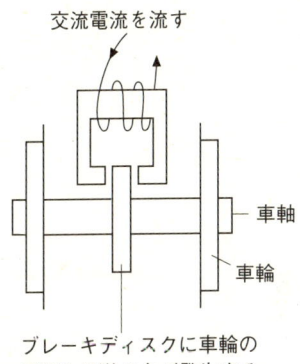

図9-4:100系の渦電流ブレーキ ディスク両側に設けたコイルに交流電流を流すと磁界が発生し、ディスクの中に渦電流が発生する。渦電流はディスクの中で熱となって消費される。

載している。騒音対策のため、車体表面を平滑にするとの方針が採用されている。

　パンタグラフは最初電動車2両に1台を搭載と0系のパターンを踏襲したが、その後、車両間を高圧電線でつなぎ、パンタグラフを4台に減らした。TGVと異なり、車両間をガイシと高圧電線が渡っているので、渡り部分の構造は複雑になるが、車両同士の分割は可能である。

　JR発足後に製造された編成は、JR東海とJR西日本で異なっている。JR東海は増加するグリーン車需要に対応するため食堂車をグリーン車に変更した100'系を製造した。JR西日本は博多までの長距離旅客サービス改善に取り組み、先頭車も電動車として二階建車両を4両とした

9 TGVと新幹線車両比較（第1世代）

写真9-5：4両編成で使用中の100系電車

100N系（グランドひかり）を製造した。100N系は、食堂車1両はそのままとして、追加の2両を階上グリーン席、階下普通席とした。

ブレーキは発電ブレーキとディスクブレーキの併用であるが、制御車および付随車は発電ブレーキが使えないため、車輪にディスクを設け、その両側にコイルを配置して、ブレーキ時にコイルに交流電流を流すことによりディスクに渦電流を発生させてブレーキ力を得るようにした（図9-4）。

300系登場後、東海道新幹線から引退し、中間車の先頭車化改造を行って、4両または6両編成に組み替えて山陽新幹線で使用中である。

10 TGVと新幹線車両比較（第2世代）

10.1 同期電動機から誘導電動機へ

　東海道新幹線やTGV南東線の成功により、高速鉄道が社会的に認知され、国の威信をかけた開発競争がはじまった。高速化が大きな課題であり、パワーに限界があった直流電動機に代わって交流電動機が採用されるようになった。日本は高速型の高性能半導体素子の技術的優位性を活かした誘導電動機駆動を新幹線電車に採用したが、フランスは中速型半導体素子を使った同期電動機駆動をTGVに採用した。

　速度競争の面では、試験で515km/h、営業運転で300km/hをいち早く実現したTGVが優位に立った。しかし、加速度を含めた平均速度では新幹線が優位に立っている。

TGV-A——初の300km/h営業運転（1989年営業運転開始）

　TGV-Atlantiqueの略である。大西洋線開業に合わせて開発され、世界初の300km/h営業運転を実現した。パリ、ルマンおよびトゥールのほか、新線と在来線を直通して、ボルドー、ナントなどの大西洋岸都市を結ぶ。ルマン、トゥール地区からのパリへの通勤者も出現した。

TGV-SEで課題となっていた居住性改善にも取り組み、車体幅は2.8mから2.9mとなり、1等座席にはリクライニングシートが導入された。また、4人用セミコンパートメントやグループ室を設けたことも特徴となっている。

　インバーター制御同期電動機駆動を採用し、電動機出力を1,100kWとTGV-SEの約2倍とした。電動機は動力車のみに搭載し、TGV-SEの編成中12台から8台に減らしている。これにともない、動力台車（動軸）も6台から4台に減った。TGV-Aの開発に先立って、同期電動機と誘導電動機が試作電気機関車により比較試験され、同期電動機が採用された。1990年に当時の世界記録515km/hを達成している。

　パンタグラフはTGV-SEの二段式を一段式のGPU形に改良し、集電舟の下にばね装置を設けている。

　列車内の情報伝送にコンピューター使用の多重伝送を採用し、運転台で各機器のオンライン監視を行うモニタリングシステムも採用された。

　大西洋線の最急こう配が15‰とゆるやかになり、動力台車が4台に減ったことから、客車を10車体連節としている。1等車3両、2等車6両、半室バー付き2等車

電気方式	AC25,000V, 50Hz/DC1,500V
編成	M＋10T＋M
編成長	237m
編成質量（空車）	444t
定員 (1等/2等)	485 (116/369)
最高速度	300km/h
編成定格出力	8,800kW (AC25,000V) 3,600kW (DC1,500V)

表10－1：TGV-A主要諸元表

10　TGVと新幹線車両比較（第2世代）

写真10-1：TGV-A

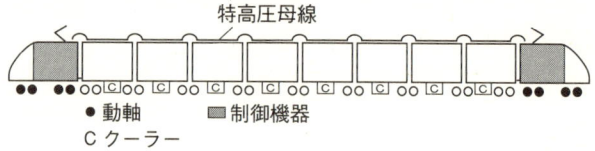

図10-1：TGV-A、TGV-Duplex、TGV-POS（動力集中式）の構成

1両の編成となっている。混雑時に2編成を連結するのもTGV-SEと同じであるが、制御システムが異なるため、TGV-A同士の連結に限られる。これはTGV-SEも同じである。当初、大西洋線のみでの使用であったが、35‰こう配のある南東線にも乗り入れている。1988年から製造され、営業開始は1989年である。

　客車を8両としたものがスペインに輸出され、AVEとなっている。

300系新幹線電車——新幹線初の誘導電動機駆動（1992年営業運転開始）

　JR発足後に日本経済は上昇基調に転じ、東海道新幹線の輸送力増強が緊急の課題となった。このため、最高運転速度と加減速度の向上を実現した300系が開発、投入された。

　その結果、最高運転速度は220km/hから270km/hに引き上げられ、加減速度の向上、線路改良と合わせて、東京－新大阪間は2時間30分に短縮された。300系投入に合わせて、従来の「ひかり」と「こだま」のほかに速達列車としての「のぞみ」が登場した。「のぞみ」は特急料金を東京－新大阪間で980円引き上げるとともに、ジャパンレールパス（外国人向けフリーパス）等での乗車を認めなくなった。

　300系に使われた技術はVVVFインバーター制御誘導電動機駆動、アルミニウム車体、ボルスターレス台車、騒音低減である。

　VVVFインバーター制御誘導電動機駆動技術は、北陸新幹線の計画が具体化しつつあった1980年代後半に、急こう配区間走行のためには、軽量かつ電力回生ブレーキ可能な誘導電動機駆動が必要との認識から、国鉄が新幹線用に開発

電気方式	AC25,000V, 60Hz
編成	10M6T
編成長	402m
編成質量（空車）	710t
定員（G/普通）	1,323 (200/1,123)
最高速度	270km/h
編成定格出力	12,000kW

表10-2：300系新幹線電車主要諸元表

10　TGVと新幹線車両比較（第2世代）

写真10-2：300系新幹線電車

を始めていた。国鉄の分割・民営化で技術開発が一時停滞したが、JR東海が300系で最初に実用化した。インバーターの素子はGTOサイリスターを使用している。

車両は徹底的に軽量化され、空車時の軸重は0系の15tから11tとなった。車体はアルミニウム合金押出形材を溶接した構造とした。窓は小窓となり、椅子も軽量構造のものが開発された。空気抵抗減少と重心低下を狙って、冷房装置は床下に搭載され、車体高を低くしている。引き戸式に代わって内側プラグ式ドアが採用された。

先頭形状も風洞試験の結果から微気圧を含めて騒音の小さい形状が選ばれた。騒音対策からパンタグラフを編成に2台として、高圧ケーブルを車両間に渡して、全電動車を電気的につないでいる。パンタグラフにも騒音防止用カバーを本格的に取り付けている。

電動機は300kWにパワーアップされ、最高速度を上げたにもかかわらず電動車の数を100系よりも減らして、10M6Tとした。電気的には3両1ユニット（電動車2両と付随車1両）としている。電気ブレーキとして初めて回生ブレーキが採用され、ブレーキ用抵抗器をなくしたことも軽量化に寄与している。

当時のグリーン車需要の増加に対応して、グリーン車3両、普通車13両の編成として、食堂車およびビュフェは設けなかった。

JR東海とJR西日本が直通運転を行うので、300系はJR西日本も購入している。

400系新幹線電車――山形新幹線用小断面車両（1992年営業運転開始）

新幹線と在来線の直通運転のためにミニ新幹線方式が案出され、最初のミニ新幹線である山形新幹線用に在来線車両と同じ車両寸法（長さ20m、幅2.95m）、軸重13tに収まるように開発された高速車両である。列車名は「つばさ」と命名され、福島駅での乗り換えを不要としたことから、利用者の増加につながった。新幹線区間で最高速度240km/h、在来線区間で130km/hの性能を有する。

また、福島 - 米沢間の連続33‰こう配と豪雪地帯を走行する。新幹線区間は交流25,000Vであるが、福島 - 山形間の在来線は交流20,000Vであるので、電圧検知器を設けて、主変圧器3次巻線の出力を新幹線と在来線区間で切り換え、冷房装置等に単相交流400Vを常に供給するようにしている。車体長は短くなり、冷房装置は屋根上に搭載し

10 TGVと新幹線車両比較(第2世代)

電気方式	AC25,000V/ 20,000V, 50Hz
編成	6M1T
編成長	148m
編成質量 (空車)	318t
定員 (G/普通)	399 (20/379)
最高速度	240km/h
編成定格出力	5,040kW

表10-3:400系新幹線電車主要諸元表

ている。

　編成は最初グリーン車1両、普通車5両の6両編成であり、全電動車であったが、その後、付随車の普通車を1両追加して7両編成となっている。

　300系の後に開発されたが、スチール車体、直流電動機駆動を採用しており、発電ブレーキと空気ブレーキを設けている。電動機出力は210kWである。

写真10-3:400系新幹線電車

259

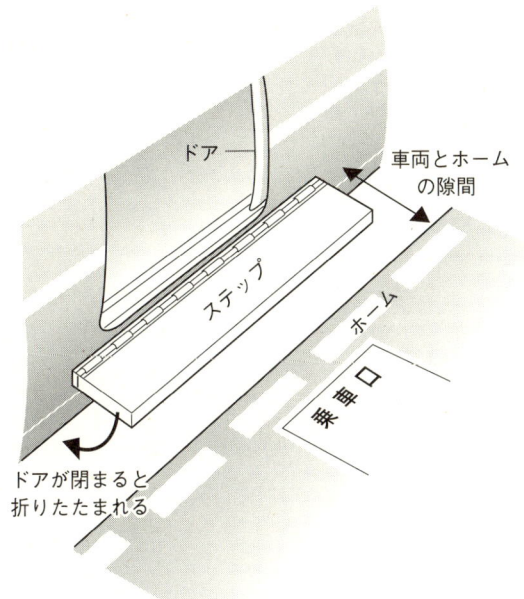

図10-2：400系ミニ新幹線は車体幅が狭いので、新幹線ホームではステップが張り出す

　豪雪地帯を走行するが、200系のような雪切り室は設けず、機器冷却用空気を連結部の上からダクトで取り入れるようにして、雪の浸入を防いでいる。床下機器も100系に準じた塞ぎ板方式を採用して、軽量化とコストダウンを図っている。車体幅が2.95mとフル規格の新幹線電車よりも狭くなったことから、グリーン車は2＋1列、普通車は2＋2列の回転リクライニングシートを採用している。普通車のシートピッチは指定席車980mm、自由席車910mmと

して、指定席と自由席で格差を設けた。車体幅の違う新幹線区間では、停車時にドア下からステップを張り出してホームとの隙間を小さくしている。

東北新幹線上では200系やE4系と連結して走行する。福島駅での連結・開放時間を短縮するため、自動連結・開放装置を設けて、乗務員のみで連結・開放を行うようにしている。

地上のき電設備の違いから、新幹線区間ではパンタグラフ2台、在来線区間ではパンタグラフ1台で走行している。

10.2 高速化、輸送力増強への試み

500系新幹線電車——日本初の300km/h営業運転(1997年営業運転開始)

航空機との競争の厳しい山陽新幹線での競争力を高めるため、JR西日本は300km/hによる営業運転を計画し、500系を開発した。グリーン車3両、普通車13両の16両編成である。

500系の開発に先立ち、1992年から試験車WIN350で各種試験を積み重ねた結果、空気抵抗を小さくするため、車体断面を円形に近くし、車体幅は3.4mとしつつも、車体断面積を300系に比べて約10%小さくした。集電装置は従来のパンタグラフとは全く異なるT字型のものを採用した。空気シリンダーで集電舟を押し上げ、電車線の上下方向の変位に対して、空気圧を制御して集電舟を追従させている。集電装置の断面積が小さくなり、空気シリンダー部表面の構造と合わせて、風切り音を低減している。非常時

電気方式	AC25,000V, 60Hz
編成	16M
編成長	404m
編成質量（空車）	688t
定員（G/普通）	1,324 (200/1,124)
最高速度	300km/h
編成定格出力	18,240kW

表10-4：500系新幹線電車主要諸元表

には集電装置全体が後ろに倒れて、電車線を切断しないようにしている。

トンネル進入、進出時の騒音低減のため、先頭車の鼻を10mと車体長の40％にした。一方で編成全体の定員は300系と合わせる必要があり、普通車シートピッチを1,020mmに縮めるなどの方策を採用している。

全電動車で、GTOインバーターによる誘導電動機駆動を採用し、電動機出力は285kWである。

車体は軽量化のため、アルミニウムシート2枚でハニカム状のアルミニウム部材をサンドイッチし、ろう付け溶接したアルミニウムハニカムを全面的に採用した。アルミニウムハニカムを車体に採用したのは500系のみである。窓ガラスも外板との段差をなくすため、ガラスの上にポリカーボネートの板を貼り付けている。

冷房装置は室外機を床下に、室内機を車内天井に取り付けている。

乗り心地向上のために、車両間に振動吸収用のダンパーを取り付けている。これは新幹線電車として初めての試みである。

東京 - 博多間の「のぞみ」に使用されているが、2007年7月からN700系が順次「のぞみ」に使われるようにな

10 TGVと新幹線車両比較（第2世代）

写真10-4：500系新幹線電車

ってきたので、東海道新幹線からの撤退が見込まれている。

E1系新幹線電車——世界初の二階建高速車両（1994年営業運転開始）

　JR東日本が開発した世界初の二階建高速列車である。

　東北・上越新幹線が東京駅に乗り入れたときには、東京駅にはホームが1面に発着線が2本しかなく、列車本数を増やすことは難しかった。一方、新幹線電車を利用した通勤客は増加の一途をたどっており、一列車あたりの座席数を早急に増やす必要があった。このため、12両編成で200系電車16両編成に匹敵する輸送力の列車を投入することにした。これがE1系で、6編成が製造され、1994年から営業運転を開始している。このときから、JR東日本の新

電気方式	AC25,000V, 50Hz
編成	6M6T
編成長	302m
編成質量（空車）	693t
定員（G/普通）	1,233（102/1,131）
最高速度	240km/h
編成定格出力	9,840kW

表10-5：E1系新幹線電車主要諸元表

幹線電車は頭にEastのEを冠した形式が付けられるようになった。

　GTOインバーター制御の誘導電動機駆動を採用し、電動機出力は410kWとなり、12両編成中半分の6両を電動車とした6M6T編成である。座席数を増やすため、全車二階建とし、変圧器、インバーター等は電動車の車端部台車上に搭載した。冷房装置は屋根上に搭載している。スチール車体を採用し、軸重は16tである。

　普通車9両で、残り3両は階上グリーン席、階下普通席としている。グリーン車には車椅子用のリフターを階段に併設している。通勤列車としての利用が多いことを想定して、普通車自由席の階上席はリクライニングなしの3＋3人掛け座席としている。座席構造を工夫してシートピッチ980mmでも3人掛け座席を回転可能としている。また、東京駅での折り返し時間を節約するため、座席には小型電動機による一斉回転機構を設けている。この機構は、以後のJR東日本の新幹線電車の標準装備となっている。

　車体断面が大きいことと電動機出力がやや足りないことから、最高速度を240km/hとしている。大宮-高崎間および大宮-宇都宮間は沿線の騒音対策から、全列車の最高速度が240km/hに制限されており、E1系は主としてこの

10 TGVと新幹線車両比較（第2世代）

写真10−5：E1系新幹線電車

区間の通勤輸送に使われることから、最高速度240km/hでも差し障りはないと考えられた。

11　TGVと新幹線車両比較（第3世代）

11.1　ネットワーク拡大への対応

TGV-R——北ヨーロッパ線開業に合わせて開発された汎用型高速列車（1993年営業運転開始）

　TGV-Réseauxの略。北ヨーロッパ線開業に合わせて、すべての線区での使用を可能とするため、汎用性を持たせた交直流（AC25,000V, 50Hz/DC1,500V）および3電気式（AC25,000V, 50Hz, DC1,500V/3,000V）のTGV-Rが開発された。基本的なシステムはTGV-Aに準じているが、TGV-Aではトンネル通過の際の耳ツン現象が問題となったので、車体気密構造をTGVとして初めて採用した。換気装置は締切弁方式である。編成は1等車2両、2等車5両、半室バー2等車1両となっている。

　インバーター素子にGTOを採用して動力車の軽量化を図り、3電気式のTGV-PBA（Paris-Bruxelles-Amsterdam）のほか、4電気式（AC25,000V, 50Hz/AC15,000V, 16 2/3Hz/DC1,500V/3,000V）のTGV-PBKA（Paris-Bruxelles-Köln-Amsterdam）のバージョンもある。TGV-PBAおよびTGV-PBKAはタリスとして営業運転を行っている。電源周波数が16 2/3Hzの場合は、変圧器が50Hzの場合よりも大きくかつ重くなる。軸重17tに収めるために電機品全体

		交直流	3電気式	PBAタリス	PBKAタリス
電気方式		AC25,000V, 50Hz/ DC1,500V	AC25,000V, 50Hz/ DC1,500V/ 3,000V	AC25,000V, 50Hz/ DC1,500V/ 3,000V	AC25,000V, 50Hz/ AC15,000V, 16 2/3Hz/ DC1,500V/ 3,000V
編成		M＋8T＋M			
編成長		200m			
編成質量(空車)		383t			
定員（1等/2等）		377（120/257）			
最高速度		300km/h			
編成定 格出力	AC25,000V	8,800kW	8,800kW	8,800kW	8,800kW
	AC15,000V	—	—	—	5,160kW
	DC3,000V	—	3,680kW	3,680kW	3,680kW
	DC1,500V	3,680kW	3,680kW	3,680kW	3,680kW

表11-1：TGV-R主要諸元表

の軽量化が必要になるのでGTOが採用され、4電気式の動力車は車体の一部にアルミニウムを使用している。タリスの内外装はオリジナルデザインが採用されている。

ほかの鉄道との直通運転を行うため、SNCFのほか、TGV-PBAはSNCB（ベルギー国鉄）、TGV-PBKAはSNCB、NS（オランダ鉄道）およびDB（ドイツ鉄道）が保有している。

TGV-R基本形の運転台はこれまでのTGVと同様左側であるが、4電気式はドイツやオランダの右側通行の鉄道にも乗り入れるので、中央運転台となっている。TGV-Rのうち交直流のものの一部動力車は後述のTGV-Duplexの新造された二階建客車8両と組み合わせて、TGV-Duplexのグループに組み入れられている。残った客車は内装をリニ

11 TGVと新幹線車両比較（第3世代）

写真11-1：TGV-R

写真11-2：タリス

ューアルの上、後述のTGV-POSの動力車と編成され、TGV-POSのグループに編入されている。

情報伝送システムはTGV-Aで開発されたコンピューターによる多重伝送システムを改良し、TGV-Duplexとも連結可能である。

パンタグラフは電子制御の新型パンタグラフCx形が採用されている。

TGV-TMST──ロンドン、パリ、ブリュッセル直通運転のユーロスター（1994年営業運転開始）

TGV-Trans Manche Super Trainの略。ドーバー海峡を横断する英仏海峡トンネルが1994年に開業し、海峡トンネル経由で、ロンドン、パリおよびブリュッセルを結ぶ国際列車「ユーロスター」が運行されることになった。そのため、TGVをベースにTGV-TMSTが開発された。

動力車の間に9両2組の連節式客車18両を連結している。編成全体のパワーを確保するため、動力車の隣の客車の台車にも電動機

電気方式	AC25,000V, 50Hz/DC750V/3,000V
編成	M＋18T＋M
編成長	393m
編成質量（空車）	752t
定員（1等/2等）	794（210/584）
最高速度	300km/h
編成定格出力	12,240kW（AC25,000V）5,700kW（DC3,000V）3,400kW（DC750V）

表11－2：TGV-TMST Eurostar主要諸元表

11 TGVと新幹線車両比較(第3世代)

写真11-3:ユーロスター

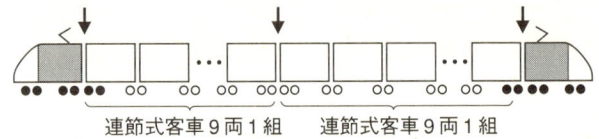

火災やトラブルが発生した場合、↓の部分で列車を切り離し、健全なユニットのみでトンネル外に脱出するようにしている

連節式客車9両1組　連節式客車9両1組
● 動軸　　■ 制御機器

図11-1:ユーロスターの構成

を取り付けている。

　車体幅は英国の車両限界に合わせて2.8mとなり、車両のステップは英国、ベルギーおよびフランスの3種類の高さに対応するようになっている。

　4電気式であるが、直流750Vは線路内に敷かれた送電用レールから受電する第三軌条集電である。そのため、海峡トンネルを出た直後、走行中にパンタグラフを下ろし、

集電シューを出していた。2007年のCTRL（Channel Tunnel Rail Link）開業によりロンドンのセントパンクラス駅まで英国内もAC25,000Vで走行するようになった。

アルストーム社英国工場で駆動システムが開発され、TGVで誘導電動機駆動を最初に採用している。日本の青函トンネルを参考に、車両間に防火ドアを設置し、列車を4ユニットに分けて、非常時には不動ユニットのみを切り離してトンネル外に脱出できるようにしている。内外装はユーロスターオリジナルデザインである。直通運転を行っている英国ユーロスター社、SNCBおよびSNCFが車両を保有している。

このほかに客車14両としたロンドン以北乗り入れ用編成もつくられたが、計画中止によりSNCFが引き取り、TGVとして使用している。

TGV-Duplex──二階建TGV（1996年営業運転開始）

南東線は、輸送力増強のため、信号設備の改良で1時間片道15本までの運行が可能になった。さらに、列車そのものの座席数を増やすため、全二階建のTGVが開発され、TGV-SEに比べ座席数を40％増やした。

軽量化のため、客車車体はアルミニウムダブルスキン構造を採用している。ホーム高さ550mmに対応して、一階部に出入り台を設け、二階部に車両間の貫通路を配している。冷房装置やブレーキ制御器等は通路の下に取り付けている。1等車、2等車各1両の出入り台に車椅子用電動リフターを設けている。床面がホームよりも1段下がっているので、床面からリフターがせりあがってくる構造となって

11 TGVと新幹線車両比較（第3世代）

写真11-4：TGV-Duplex

電気方式	AC25,000V, 50Hz/DC1,500V
編成	M＋8T＋M
編成長	200m
編成質量（空車）	390t
定員（1等/2等）	516（184/332）
最高速度	300km/h
編成定格出力	8,800kW（AC25,000V）3,680kW（DC1,500V）

表11-3：TGV-Duplex主要諸元表

いる。車椅子用便洗面所も設けている。

TGV-Rと同じ駆動システムを採用しているが、右側通行での運転も考慮して中央運転台となっている。2007年現在、SNCFは新車をすべて二階建とするとの方針で、大量に増備が進められている。その結果、一部にはTGV-Rの動力車と新造二階建客車を組み合

写真11-5：TGV-Duplex　600番台

わせた編成もつくられている。

E2系新幹線電車——急こう配走行用、50/60Hzの2電気式（1997年営業運転開始）

　北陸新幹線（長野新幹線）の高崎‐長野間開業と、秋田新幹線開業時の東北新幹線スピードアップに対応するために、JR東日本により開発された。

　北陸新幹線の高崎‐軽井沢間は30‰のこう配が30km連続し、こう配登坂能力とともに下りこう配での安定した電気ブレーキが要求された。また、軽井沢‐佐久平間には電源周波数の50Hzと60Hzの境界もあり、両周波数で走行可能とする必要もあった。北陸新幹線の最高速度は260km/hである。

　秋田新幹線は在来線を改軌したミニ新幹線で、その開業

11 TGVと新幹線車両比較(第3世代)

に合わせて、東北新幹線宇都宮-盛岡間の240km/hから275km/hへのスピードアップが計画された。そのため、北陸新幹線用と共通仕様のE2系を使用することになった。

長野新幹線「あさま」も東北新幹線「やまびこ」もグリーン車1両、普通車7両の8両編成で、電動車6両と制御車2両の6M2Tの構成となった。また、編成中の電動車2両が故障しても、残りの電動車で運転に支障がないようにしている。電動機出力は300kWである。

VVVFインバーター制御誘導電動機駆動を採用し、初期のロットは各種インバーターの試験も兼ねて、3種類の制御装置が搭載された。比較試験の結果から、GTOに代わるIGBTが後期のロットから採用されるようになった。IGBTは電流の遮断速度がGTOよりも速く、機器の小型化と性能向上に寄与した。

冷房装置等の補助電源は、変圧器からの交流をいったん直流に変換して、それをインバーターで三相交流440V、60Hzにして供給している。このようにすることによって、電源周波数が50Hzから60Hzに変わっても、動作に支障がない。

下りこう配で速度を抑制する電気ブレーキには回生

電気方式	AC25,000V, 50/60Hz
編成	6M2T
編成長	201m
編成質量(空車)	352t
定員(G/普通)	630 (51/579)
最高速度	275km/h
編成定格出力	7,200kW

表11-4:E2系新幹線電車主要諸元表

写真11-6:E2系新幹線電車

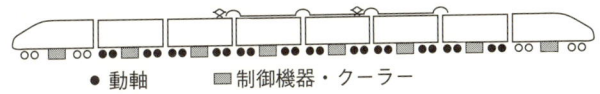

● 動軸　■ 制御機器・クーラー

図11-2:E2系(動力分散式)の構成

ブレーキを採用して、ブレーキ容量の向上と車両の軽量化を両立させている。電気ブレーキが故障した場合には、空気ブレーキのみで安全に停止できるようにブレーキディスクの容量を大きくしている。

最高運転速度は275km/hであり、走行音低減のため、パンタグラフカバーを設けて、パンタグラフは編成に2台として、高圧ケーブルを屋根上に引き通している。300系までは車両間にガイシを経由して高圧電線を渡していたが、E2系ではガイシを省略して、高圧ケーブルのみとしている。保守時の作業性は悪くなるが、ガイシ部から発生

する音をなくしている。

東北新幹線用E2系の盛岡方先頭車には自動連結・開放装置を設けて、秋田新幹線「こまち」(E3系)との連結・開放を短時間で行うようにしている。

軽量化のため、アルミニウム車体が採用され、軸重は11tとなった。一部の編成は試験的に中空アルミニウムパネルの連続溶接構造、「ダブルスキン構造」を採用して、柱をなくした。200系のような雪切り室は設けず、電動機冷却のための空気を車両の連結面の上から取るようにしている。床下機器は400系と同様に塞ぎ板で覆っている。冷房装置は床下に搭載している。

東北新幹線八戸延伸開業時には、東北新幹線用編成については、電動車2両を追加して、8M2Tの10両編成としている。

E3系新幹線電車——秋田新幹線用小断面車両(1997年営業運転開始)

秋田-盛岡間の狭軌在来線を標準軌に改築した秋田新幹線用車両。東京-秋田間の所要時間を4時間未満とするため、JR東日本により小断面のE3系が開発された。東北新幹線東京-盛岡間はE2系と連結して最高速度275km/hで走行し、盛岡でE2系と分離して秋田新幹線区間(田沢湖線と奥羽本線)は最高速度130km/hで走行する。列車名は「こまち」と命名された。基本コンセプトは山形新幹線用400系に準じるが、車椅子対応の便洗面所を設け、それによる定員減少を補うため、グリーン車は2+2列座席となった。グリーン車1両、普通車4両の5両編成で営業を

	0番台 (秋田新幹線)	1000番台 (山形新幹線)
電気方式	AC25,000V/ 20,000V, 50Hz	AC25,000V/ 20,000V, 50Hz
編成	4M2T	5M2T
編成長	127m	148m
編成質量(空車)	259t	311t
定員(G/普通)	338 (23/315)	402 (23/379)
最高速度	275km/h	240km/h
編成定格出力	4,800kW	6,000kW

表11-5：E3系新幹線電車主要諸元表

写真11-7：E3系新幹線電車

開始したが、旅客増加に伴い普通車1両を追加した6両編成となった。現在は、電動車4両、付随車2両の4M2T編成である。山形新幹線用に、5M2Tの1000台も製造され

た。これは最高速度240km/hとなっている。

技術の進歩に伴い、電動機等はE2系と共通のVVVFインバーター制御誘導電動機駆動を採用している。

アルミニウム車体であり、パンタグラフは枠組みの部材を少なくしたシングルアームタイプが採用された。車体断面が小さいため、大きなパンタグラフカバーを取り付けることができないので、275km/h走行での騒音低減のために、シングルアームパンタグラフが開発された。このパンタグラフデザインは後述のE2系1000台にも引き継がれた。床下スペースが窮屈なため、冷房装置は屋根上に搭載している。

700系新幹線電車——300系の後継車両（1999年営業運転開始）

東海道・山陽新幹線の300系の次に開発された新幹線電車であり、山陽区間の最高速度を285km/hとし、300系よりも室内騒音減と居住性向上を実現した。JR東海とJR西日本の共同開発である。16両編成のものが東海道新幹線および山陽新幹線の「のぞみ」に使用され、JR西日本で製造した8両編成のものは700E系と呼ばれ、山

	700系	700E系
電気方式	AC25,000V, 60Hz	
編成	12M4T	6M2T
編成長	405m	205m
編成質量 （空車）	707t	356t
定員 （G/普通）	1,323 (200/1,123)	571
最高速度	285km/h	
編成定格出力	13,200kW	6,600kW

表11-6：700系新幹線電車主要諸元表

写真11-8:700系新幹線電車

写真11-9:700E系新幹線電車

陽新幹線の「ひかりレールスター」に使用されている。

700E系は、普通車のみのモノクラス8両編成であり、電動車6両の6M2T編成である。普通車指定席2両は2＋2列座席とし、セミコンパートメントも設けられている。

300系以降の新幹線電車の開発成果を集大成し、アルミニウムダブルスキン構造を全面的に採用し、冷房装置は床下に搭載している。床下から冷風をダクトで導き、荷棚先

端から吹き出して、冷風が直接旅客に吹き付けないようにして快適性を増している。

車両間にダンパーを取り付け、グリーン車と先頭車には車両の横揺れを補償するアクティブサスペンションを設けて乗り心地をよくしている。

台車は、JR東海編成が300系から踏襲した円筒積層ゴム併用の軸箱支持方式であり、JR西日本編成が500系から引き継いだ軸はり式軸箱支持を採用している。パンタグラフはシングルアーム式でパンタグラフカバーを設けている。

車体の遮音構造、座席、照明を全面的に見直して、静かな車内を実現している。照明は300系で不評であった間接照明をやめ、直接照明に戻している。連続換気装置は外気取り入れ時に排気と熱交換を行うことにより、全体の熱効率向上を図っている。

E4系新幹線電車——E1系の改良型、全二階建高速列車（1997年営業運転開始）

JR東日本がE1系の改良型として開発した全二階建高速列車である。8両編成を基本として、E4系同士、400系、E3系およびE2系と連結可能とし、E1系よりも使い勝手をよくしている。

JR東日本の新幹線ネットワークは、東京-大宮間は線路容量が限界に達し、一方、大宮から先の区間は遠距離になるほど輸送需要が少なくなるという構造になっている。これに対応するため、全二階建8両編成として、混雑時は2編成連結、長距離列車はE3系や400系と連結して多様な需要に応えるようにした。2編成連結時には、1,634座席と

電気方式	AC25,000V, 50Hz
編成	4M4T
編成長	201m
編成質量（空車）	428t
定員（G/普通）	817（54/763）
最高速度	240km/h
編成定格出力	6,720kW

表11-7：E4系新幹線電車主要諸元表

一列車としては世界最大のキャパシティとなる。6両は普通車であり、2両は階上グリーン席、階下普通席としている。

車体は軽量化のためアルミニウムとしている。最高速度240km/hであるが、車体断面が大きいため、トンネル進入、進出時の騒音低減のため複雑な先頭形状を採用した。このような複雑な形状を高い精度で作るため、一部車両の先頭については、航空機の技術を応用したカーボンファイバー布や、アルミニウム厚板ブロックからの削りだしで成形している。先頭グリーン車には車椅子用エレベーターを設け、そのほかの車両には車内販売用ワゴンのためのリフターを設けている。

電動車4両、付随車4両の4M4T編成であり、電動機出力は420kWとE1系よりも若干大きくなっている。IGBT使用のVVVFインバーター制御誘導電動機駆動を採用しており、機器故障時の輸送影響を最小限とするため、電動機2台にインバーター1台の構成としている。

また、コンピューターを使用した多重伝送系を制御回路、ブレーキ回路、モニタリングシステムおよび客室案内情報システムに全面的に採用した。編成内は光ファイバーで情報伝送を行う。編成間の連結部は光ファイバーからの

11 TGVと新幹線車両比較(第3世代)

写真11-10:E4系新幹線電車

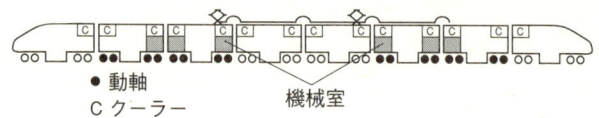

● 動軸
C クーラー　　　機械室

図11-3:E4系(オール二階建、動力分散式)の構成

情報をメタルケーブルへの情報に変換して伝送している。異なる情報伝送システムを持つ形式と連結可能とするためである。先頭車で情報の読み替えを行っている。

E2系1000番台新幹線電車——E2系の改良型(2002年営業運転開始)

東北新幹線八戸延伸に合わせてJR東日本が開発したE2系の改良型である。秋田新幹線「こまち」連結のやまびこ

編成の輸送力増強が必要になり、10両編成として、長野新幹線の「あさま」とは独立した車両となった。八戸延伸開業時に「こまち」と連結する列車は「はやて」と命名され、すべてE2系あるいはE2系1000番台に統一することによってスピードアップが図られた。

　長野新幹線への乗り入れが不要であるので、電気方式はAC25,000V、50Hzのみとし、コスト低減のため、補助電源も50Hz単相交流に変更した。車体はアルミニウムダブルスキン構造を全面的に採用し、側引き戸はE2系で採用された内側プラグ式ドアから引き戸式に変更している。プラグ式ドアによる騒音低減効果が期待したほどではなかったためである。

　パンタグラフはシングルアームとし、パンタグラフ支持ガイシは騒音低減のためにポリマー製の長円形として、前後のガイシを一体化した。この結果、パンタグラフカバーも廃止された。

　乗り心地向上のため、車両間ダンパー、アクティブサスペンションも導入されている。

電気方式	AC25,000V, 50Hz
編成	8M2T
編成長	251m
編成質量（空車）	492t
定員（G/普通）	814（51/763）
最高速度	275km/h
編成定格出力	9,600kW

表11-8：E2系1000台新幹線電車主要諸元表

11 TGVと新幹線車両比較(第3世代)

写真11-11:E2系1000番台新幹線電車

800系新幹線電車──JR九州のデザイン戦略で開発された新幹線電車(2004年営業運転開始)

九州新幹線新八代-鹿児島中央間開業に合わせてJR九州が開発した。最急こう配35‰であるため、全電動車6両編成としている。最高速度は260km/hである。JR東海/JR西日本の700系をベースとし、パンタグラフおよび支持ガイシはJR東日本のE2系1000台で採用されたものと同じであり、パンタグラ

電気方式	AC25,000V, 60Hz
編成	6M
編成長	155m
編成質量(空車)	276t
定員	392
最高速度	260km/h
編成定格出力	6,600kW

表11-9:800系新幹線電車主要諸元表

写真11-12：800系新幹線電車

フカバーを省略している。

普通車のみの編成であり、2+2座席としている。内外装のデザインに特徴があり、室内には天然素材が多く用いられている。

11.2 高速列車開発の集大成

TGV-POS——東ヨーロッパ線用、最新のTGV

東ヨーロッパ線開業のため、動力車のみを新造した。客車はTGV-Rの客車をリニューアルして使用している。

ドイツのフランクフルト–ケルン線の40‰の急こう配は、TGV-Rでは交流16 2/3Hzにおける出力が足りず、こう配の均衡速度が160km/h程度であった。このため、ドイツ鉄道からTGV-Rのフランクフルト–ケルン線への乗り入れを断られていた。交流では周波数が変圧器の大きさ

11 TGVと新幹線車両比較（第3世代）

写真11-13：TGV-POS

電気方式	AC25,000V, 50Hz/AC15,000V, 16 2/3Hz/DC1,500V/3000V
編成	M＋8T＋M
編成長	200m
編成質量（空車）	423t
定員（1等/2等）	377（120/257）
最高速度	320km/h
編成定格出力	9,280kW（AC25,000V）6,880kW（AC15,000V）6,880kW（DC1,500V/3,000V）

表11-10：TGV-POS主要諸元表

を左右するので、従来のフランスのプロパルジョンシステムでは、50Hzでは8,800kWを出せても、16 2/3Hzでは5,160kWの出力しか得られなかった。

ドイツ乗り入れを果たすため、プロパルジョンシステムを全面的に見直し、これまでの同期電動機駆動に代えて、ユーロスターに続く誘導電動機駆動となった。IGBT技

術採用により、機器の軽量大出力化に成功し、16 2/3Hzでの出力を6,880kWとこれまでより33%大きくして、40‰での均衡速度を200km/h以上として、ドイツの要求を満たし、ドイツへの乗り入れを果たした。試験車により2007年4月に574km/hの世界記録を達成している。また、電力回生ブレーキを可能としている。

N700系新幹線電車——最新の新幹線電車、車体傾斜機構を初めて採用（2007年営業運転開始）

東海道・山陽新幹線の次世代車両として開発され、山陽区間は最高速度300km/hで、東海道区間は270km/hで走行する。最高速度向上のため、先頭車形状も700系よりもさらにとがったものとなった。加速性能向上のため、電動車を14両として、編成出力を700系よりも30%増としている。これにより通勤電車並みの加速度2.6km/h/s（$0.72m/s^2$）を実現した。ちなみに、700系は1.6km/h/s（$0.44m/s^2$）、JR東日本の京浜東北線の209系通勤電車は2.5km/h/s（$0.69m/s^2$）である。

空気ばねを利用した車体傾斜機構を新幹線では初めて採用し、従来、通過速度が255km/hに制限されていた曲線半径2,500mでも車体を1度傾けて、

電気方式	AC25,000V, 60Hz
編成	14M2T
編成長	405m
編成質量（空車）	700t
定員（1等/2等）	1,323 (200/1,123)
最高速度	300km/h
編成定格出力	17,080kW

表11-11：N700系新幹線電車主要諸元表

11 TGVと新幹線車両比較（第3世代）

写真11-14：N700系新幹線電車

270km/hで走行可能とした。曲線での減速を不要としている。加速度の向上と合わせて、東京-新大阪間は2時間25分と5分短縮された。

軽量化のため、窓は一回り小さくなった。同時に、車外騒音低減のために、500系と同様に、窓ガラスの上にポリカーボネートのパネルを接着し、外板と窓の段差をなくしている。車両間には全断面を覆う外幌を設けている。

グリーン車を含め車内デザインが一新され、普通車の座席寸法は、幅が10mm広げられ、快適性を増している。

東海道新幹線車両としては初めてコンピューターを使用した制御伝送（多重伝送）システムを採用している。

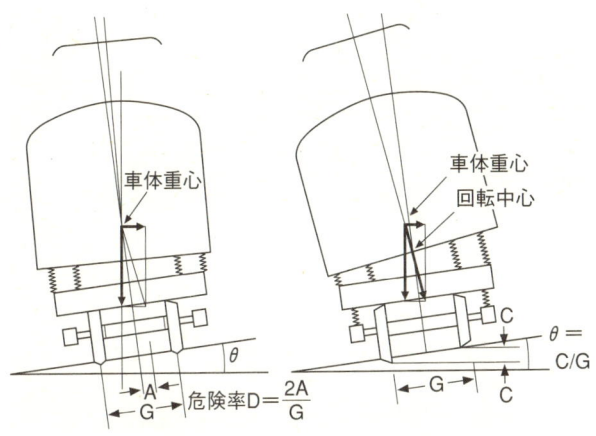

(a) 一般車両

(カント不足の場合には
ばねのたわみで傾く)

(b) N700系のシステム

(左右の空気ばねの内圧
を制御して曲線で車体
を内側に傾ける)

図11-4：N700系の車体傾斜システム

写真11-15：N700系新幹線電車外幌

12　世界市場でのTGV vs. 新幹線

　ドイツのICEはスペインと中国に輸出されたが、そのほかの実績は無い。世界を二分しているのはTGVと新幹線である。しかし、TGVそのものが輸出されたのはスペインと韓国のみであり、米国は米国基準に合わせてボンバルディエ社と共同でボギー車を開発しているので、TGVではない。また、中国は車体幅3.2mの電車を要求されたため、旧フィアット社が開発したペンドリーノをベースとした電車を納入している。

国名	輸出された車両	記事
スペイン	TGV-A	このほかにアルストーム社が買収したフィアットの技術を使った電車が輸出されている
米国	Acela	ボンバルディエとの共同開発、ボギー車、車体傾斜機構付、車体強度はアメリカ基準で製造
韓国	KTX	TGV-Aベース、動力車2両+客車18両
台湾	700T	日本の700系ベースの車両、欧州勢に対して逆転受注
中国	CRH2、CRH5	日本はE2-1000ベースのCRH2、フランスはフィアット社技術の電車CRH5

表12-1：海外市場のTGV vs. 新幹線

北米市場

　ニューヨーク、ワシントン、ボストンを結ぶ北東回廊は米国の中でも都市間流動が多く、航空機も頻繁に運行されている。ここに高速列車を運行する計画は古くからあり、米国技術で開発したメトロライナーの後、欧州勢がいくつも参入したが、成功者はいなかった。現在はアルストームとボンバルディエの連合軍が、TGVをベースにした車両を米国の安全基準に従って設計変更し、車体傾斜式のアーセラ（Acela）を投入している。しかし、アーセラはボギー車となり、車体も重くなっているので、もはやTGVとはいえない。最高速度240km/hで、貨物列車基準の軌道でがんばっているが、営業的に好調な滑り出しとはいえない。

写真12-1：Acela（山田桑太郎氏提供）

12 世界市場でのTGV vs. 新幹線

韓国

　新幹線、ドイツのICEと最後まで争って、TGVが技術移転を前提に受注した。輸送力を確保するため、動力車2両と連節式客車18両の編成であり、韓国メーカーも製造するようになった。韓国の既存の特急列車に比べるとオリジナルのTGVと同じ座席は狭く不評であり、居住性改善のため、座席の大幅改良が計画されている。

写真12-2：韓国KTX（秋山芳弘氏提供）

台湾

　欧州勢に決まりかけていたのが、台湾大地震が発生し、地震に強い新幹線ということで日本が逆転受注した。この結果、新幹線でありながら一部は欧州仕様を受け入れざるを得なかった。受け入れ検査にも欧州式が導入され、開業が遅れたが、2007年1月に台湾高速鉄道として開業した。

写真12-3：台湾700T系（秋山芳弘氏提供）

中国

15,000kmにも及ぶ壮大な高速鉄道計画実現のため、中国国鉄は、日本と欧州の高速車両をサンプル輸入して、良いとこ取りをしようと狙っている。サンプル輸入といいながら、120編成発注し、日本はそのうち40編成を受注した。しかし、技術移転が条件であり、現地メーカーと共同での受注で、完成車輸出は5編成のみである。

仏独融和は夢に終わる

車両についても仏独車両メーカーが共同で統一仕様のものを開発する構想があった。一時は台湾向けにフランスTGVの二階建客車とドイツICEの機関車を組み合わせた編成によるデモンストレーションも行われたが、両者の利害が一致せず共同開発構想は立ち消えになり、TSI（3.3

12　世界市場でのTGV vs. 新幹線

写真12-4：中国に渡った「はやて」（秋山芳弘氏提供）

参照）の枠内でそれぞれが技術開発競争を繰り広げることとなった。

　新幹線はJR東海とJR西日本が相互直通運転する700系やN700系を共同開発している。

13 文化の違いと高速鉄道

個性尊重のフランス、協調性重視の日本

「貴方は何が得意か、それをどうしたら伸ばせるのか」と言われるか、「貴方の不得意はこれで、これを一生懸命勉強して成績を上げてください」と言われるかで受け止め方は大違いである。前者はフランス式で後者は日本式と言ってもよい。

レストランでメニューを選ぶ。誰かが頼むと私も私もとなるのが日本流である。人と同じであることに安心する。牛を食べたいと思っていても連れが先に頼むと、「俺は鴨が食いたい」と言うのがフランス流である。人と同じことは我慢ができない。他人のやらないところに新しい発見があると思うのである。

車両の開発でも、ドイツが誘導電動機を開発しているのを尻目に、直流電動機にこだわった。1電動機2軸駆動や3軸駆動の電気機関車を作り、高速旅客用と低速貨物用で歯車比を変換して使うことも考えた。TGVで直流電動機が行き詰まったときにも、同期電動機に走り、よそのやらないことを狙った。

新幹線開業後にフランスが開発した高速列車は新幹線と反対のことを志向した。最初はガスタービン動車で集電の問題を避けようとし、オイルショックで立ち行かなくなる

図13-1：数人がレストランで注文する光景（日仏）

と、電気機関車に変えたが、動力集中、連節式客車は最初のコンセプトから変わっていなかった。車体断面もあえて小さくして、空気抵抗を減らし、高速性能を重視した。新幹線の210km/hを上回る260km/hを打ち出したことでも独自性を強調した。

座席もあえて回転式リクライニングシートにしなかった。これは米国の文化であり、欧州の椅子文化が健在なことを示そうとして、一方向固定のリクライニングしない椅子を設計した。しかし、椅子としては良くできており、成田エクスプレスにも採用されている。

TGV-Aでは、1等車の座席にリクライニング機構は導入したが、座席配置はセミコンパートメントと1列座席の斬新なものとした。

レストランと駅弁文化

新幹線は合理化のため、食堂車もなくなり、ビュフェも廃止されてしまった。駅弁という便利なものがあるために、車内で食事するのにいちいち食堂車までというのが敬遠された結果である。また、食堂車やビュフェがそれ自身で採算を取らなければならないとしたら、割高なものになるのは当然の帰結である。

食事は基本的サービスであり、予約制でも供食サービスがTGVに残っている。ユーロスターの1等は機内食並みの食事付きである。鉄道会社は食堂車や供食サービスに補助しているからである。駅弁はないので、それに代わるのは駅売店やビュフェのサンドイッチであろう。ドイツのICEを含めて食堂車が健在なわけである。

おわりに

TGV vs. 新幹線、幅広い分野での比較について、専門的内容を分かりやすく紹介するように心がけたが、木を見て森を見ない結果となることをおそれ、詳しい説明を省略せざるを得なかったものもある。それらはそれぞれの専門分野についての解説書に委ねたい。

TGVも新幹線も常に進化をしているので、いつの時点を捉えて比較するかによって異なる結果を得る。ここでは、なるべく時系列的に事実を網羅し、最初の開発コンセプトがどのように変化していったかをも辿れるようにした。その意味で、車両の概要については分かりにくい面もあるかもしれないが、日本とフランスが互いに影響しつつ高速鉄道が発展してきた姿をご理解いただければ幸いである。独立独歩で開発が進められたように見えるが、相手を横目で見ながら、相手よりも良いものを作りたいという思いは、日本もフランスも同じである。

TGVも最初は新幹線のアンチテーゼとして、割り切ったデザインでスタートしたが、ネットワークの拡大とともに異なるニーズも出てきた結果、それに対応するため、ユーロスターやタリスが生まれ、輸送力増強の問題への回答は二階建採用であった。この辺はJR東日本の二階建開発に通じるところがある。

新幹線は、国鉄時代は東海道での成功体験に基づいた大量・定型輸送を山陽、東北、上越に展開したことに間違いがあった。国民も東海道と同じものを望んで、それが地方

の近代化の象徴と捉えられた時代でもあった。東北新幹線の車両の色が緑と決まったときに、なぜ青い新幹線が来ないのかと詰め寄ってきた地元の方もいた。しかし、需要構造、気象条件、地理的条件の異なる線区には、それぞれ異なる開発コンセプトが必要である。JR各社の発足は新幹線とひとくくりにできない多様なシステムを生み出した。山陽、東北、上越、長野および九州新幹線のバラエティに富んだ列車、ミニ新幹線や列車の分割・併合は東海道では考えられないことである。現在は360km/hを狙った高速車両とともに軌間可変電車の開発も進められているので、十年後にどのような新幹線の姿になるかが楽しみである。

　フランスも動力集中式から電車方式に大きな一歩を踏み出す。次のTGV vs.新幹線、どのようなものになるだろうか。

　カバー等の写真を提供いただいた南正時氏は古くからの友人であり、パリ事務所時代に氏の撮影行に同行したのは良き思い出である。山田桑太郎氏、秋山芳弘氏および守田光雄氏には写真の提供、海外鉄道情報についてお世話になった。講談社ブルーバックス出版部の中谷淳史氏には、本書の完成を忍耐強く待っていただき、有益な助言をいただいたことに感謝したい。

　　　　　　　　　　　　　　　2008年10月　佐藤芳彦

参考文献

世界の高速鉄道、佐藤芳彦、グランプリ出版、1998年
新幹線テクノロジー、佐藤芳彦、山海堂、2004年
実践　鉄道RAMS、日本鉄道車輌工業会RAMS懇話会編、成山堂書店、2006年
高速鉄道物語、(社) 日本機械学会編、成山堂書店、1999年
ミニ新幹線誕生物語、ミニ新幹線執筆グループ、成山堂書店、2003年
フランスの高速鉄道TGVハンドブック、ブライアン・ベレン著、秋山芳弘/青木真美訳、電気車研究会、1996年
フランス鉄道地誌、1巻、2巻、3巻、ジェラール・ブリエール、La Vie du Rail、1993年
電気鉄道、松本雅行、森北出版、1999年
大英帝国衰亡史、中西輝政、PHP文庫、2004年
ユーロトンネル—夢の年譜、ジェレミー・ウィルソン/ジェローム・スピック、EUROTUNNEL、1994年
主要国運輸事情調査報告書フランス共和国、(財) 運輸政策研究機構、2007年
JR東海・環境報告書、2007年
数字で見る鉄道1991、1998および2007、国土交通省監修、(財) 運輸政策研究機構
フランス国立統計局INSEEデータ2005年
フランス旅客輸送機関別距離帯別シェア、INSEE Report、2005年
主要長距離鉄道およびパリ空港における長期整備について、ア

ラン・サヴァン、Notes de Synthèse du SES、2001年10/11月号

FASTECH 360資料、JR東日本、2006年

パリ シャル・ル・ドゴール空港案内図、パリ空港公団（ADP）、2005年

国際直通運転のための技術仕様（TSI）、環境、運転、車両、インフラ、電力供給、保守編、EU、1996年

世界の高速鉄道—フランスTGV—その1、佐藤芳彦、鉄道ファン、2007年8月号

世界の高速鉄道—フランスTGV—その2、佐藤芳彦、鉄道ファン、2007年9月号

フランスの速度記録574km/hの意義、佐藤芳彦、鉄道ジャーナル、2007年7月号

http//www.jrtt.go.jp/business/train_const.htm

http//www.trainweb.org/tgvpages/

さくいん

【英数字】

0系	235
100系	248
1次ばね	213
200系	244
2次ばね	213
300系	256
400系	258
500系	261
700系	279
800系	285
AGV (Automotrice a Grande Vitesse)	179
AMDE形二段式パンタグラフ	151
ATC (Automatic Train Control)	159, 234
ATき電方式	144
Acela	292
BTき電方式	144
Bar	23
CDG	61
CER (The Community of European Railway and Infrastructure Companies)	77
COMTRAC (COMputer aided TRAffic Control system)	122
CTC (Centralized Traffic Control)	122, 234
CTRL (Channel Tunnel Rail Link)	272
Cx形パンタグラフ	152
E1系	263
E2系1000番台	283
E2系	274
E3系	277
E4系	281
EN規格	80
East-i	163
Eurostar	96
European Railway Agency	77
FASTECH360	46
FRP (Fiber Reinforced Plastics)	201
FSW (Friction Stir Welding)	197
Free Gauge Train	90
GPU形パンタグラフ	152
GTO (Gate Turn Off)	210
GTOサイリスター素子	210
ICE (Inter City Experimental)	42, 97, 113
ICカード	28
IS式	216
KTX	293
LGV (Lingne à Grande Vitesse)	35, 91
MIG溶融接合	197
N700系	288
PLM	19
PLM鉄道	47
PS201形パンタグラフ	156
RAMS規格	79
RFF (Réseau Ferré de France)	74
SNCF	59
Safety Case	76
TD継手	219
TGV (Train à Grande Vitesse)	36
TGV-A	253
TGV-Duplex	272
TGV-PBA	267
TGV-PBKA	267
TGV-POS	286
TGV-R	267
TGV-SE	239
TGV-TMST	270

さくいん

TSI (Technical Specification for Interoperability)	77, 134
TVM430自動列車制御装置	161
Thalys	118
V150	42
Valideteur	22
VVVF (Variable Voltage Variable Frequency)	209
VVVFインバーター制御	210
WIN350	261
WN継手	219

【あ行】

アーセラ	292
あおば	244
アクスルカウンター	157
アクティブサスペンション	281
あさひ	244
あさま	111, 275
アドミニストレーション	67
アルミニウム車体	195
アルミニウムハニカム	262
安全性証明	76
板ばね式	216
一斉回転機構	264
移動障害者対策	128
インターネット	110
インフラストラクチャー	67
ウィングばね式	216
渦電流	251
内側プラグ式ドア	194
運賃	103
運転台	117
ヴァリデター	22, 107
永久磁石同期電動機	212
英仏海峡トンネル	99
駅弁	33
駅窓口	108
円筒案内式	216
オーバーラップ区間	146
オープンアクセス	74
汚水処理装置	195

【か行】

改札	27, 107
回転式リクライニングシート	33, 58
回廊型	39, 111
ガスタービン動力	239
可とう継手	219
可変周波数可変電圧制御	209
韓国	293
軌間	56, 127
軌間可変電車	90
機関車方式	178
技術基準	75
技術仕様書	77
軌道	130
軌道回路	157
軌道検測車	163
軌道中心間隔	128
気密構造	191
狭軌	39
曲線	47
許容軸重	127
空気ブレーキ	225
クラッシュワース構造	201
グランドひかり	251
経営	68
建設費	39, 47
高圧ケーブル	151
高架橋	51
公共事業宣言	40
交-交セクション	146
工場	168
更新修繕	164
高速新線	38
交通税	75
こう配	47, 127
交番検査	164
交流整流子電動機	137
交流電化	137
交流電動機	202
交流電動機駆動	140
国鉄	69

国鉄清算事業団	69
国土交通省令	75
国内高速鉄道計画	96
こだま	111, 235
国境	97, 113
こまち	277
コムトラック	122
コンセプト	36
コンバーター	137

【さ行】

最急こう配	47
最高運転速度	128
最高速度記録	41
最小曲線半径	47, 128
サイリスター	204
サイリスター位相制御	207
サイリスター・チョッパー	208
座席中心間隔	58
サブシステム	67
三相誘導電動機	209
シートピッチ	58
仕業検査	164
軸箱支持方式	214
軸はり式	216
システム	67
実用速度	46
自動改札機	27
自動空気ブレーキ	229
自動券売機	108
自動列車制御装置	159, 234
自動連結装置	246
車体	180, 182
車体気密構造	267
車体傾斜機構	288
車体修繕	164
車内販売	33
車内販売基地	33
ジャパンレールパス	256
車両基地	172
車両限界	56
車両所	168
車両センター	168
シャルル・ド・ゴール空港	61
自由席	105
集団見合い型配置	61
集中列車制御システム	122
周波数	146
周波数変換装置	236
主電動機	180
衝撃吸収構造	201
衝撃吸収ブロック	201
上下分離	72
商用周波数	137
食堂車	33, 238
指令91/440号	74
新幹線	39
新幹線鉄道騒音基準	134
新幹線保有機構	70
真空式トイレ	195
シングルアーム型	148
シングルスキン構造	197
信号	156
スケルトン構造	200
スチール車体	195
スノーシェルター	51
すべり	208
すべり率	208
スラブ軌道	130, 244
制御回路	180
制御伝送システム	289
整備新幹線	85
整流器	137
整流器式	139
整流子電動機	208
セーフティケース	76
設計確認	76
セミ動力集中式	177
繊維強化プラスチック	201
先頭車改造	245
全般検査	164
騒音	133
総合車両センター	168
走行装置	180

さくいん

双方向運転	162
速度記録	41
外側プラグ式ドア	192

【た行】

ターミナル	56
台車	212
台車検査	164
大修繕	165
ダイレクトマウント台車	218
台湾	293
台湾高速鉄道	293
多重伝送系	282
たたき出し工法	199
たにがわ	111
ダブルスキン構造	197, 277
タリス	118, 267
たわみ歯車継手	219
弾丸列車計画	234
単方向運転	162
ダンパー方式	191
断面積変化率	185
中国	294
直接き電方式	142
直流電化	136
直流電動機	136, 202
通過式	26
筒形ゴム式	215
つばさ	258
ツリー型	39, 112
低圧タップ切換式	204
定時運転	29
ディスクブレーキ	231
デジタルATC	161
鉄道運輸整備機構	70
鉄道建設公団	70
鉄道施設	67
鉄道施設保有機構	74
電圧検知器	258
転換式シート	33, 58
電気・軌道総合検測車	163
電気システム	136
電気指令	230
電気ブレーキ	225
電気方式	115
電車線	44, 141, 148
電車方式	178
電蝕	141
電力回生ブレーキ	225
同期電動機	202, 208
動軸	242
頭端式	20
踏面清掃子	232
踏面ブレーキ	231
動力車	178
動力集中式	43, 177, 240
動力台車	242
動力分散式	44, 177, 235
ドーバー海峡	99
とき	111, 244
ドクターイエロー	163
トランスポンダー	159
トリポード	219
トンネル	182

【な行】

なすの	111
二階建	186, 245, 249, 272, 281
認証機関	76
認定機関	76
ねじ式連結器	241
のぞみ	111, 256, 279

【は行】

バー	240
ハイスピード1	101
バカンス	119
発電ブレーキ	225
鼻	184
はやて	111, 284
バラスト軌道	130
パワーウェイトレシオ	44
パンタグラフ	148
パンタグラフカバー	152

ヒートポンプ方式	237
ひかり	111, 235
ひかりレールスター	280
微気圧波	182
引き戸式ドア	192
菱形	148
ビュフェ	26, 238, 245
標準軌	37, 235
負き電線	142
浮動充電方式	243
フランス国鉄	59
フランス鉄道網	74
ブレーキ	180, 225
ブレーキ用抵抗器	204
ブレンド制御	228
プロパルジョン	180, 202
分割・民営化	69
平均遅延時間	29
閉塞区間	157
防音壁	134
ホーム高さ	128
ボギー車	180
北米	292
保守	164
ボックスシート	58
ボディマウント構造	244
ボルスター付き台車	218
ボルスターレス台車	217

【ま行】

マイナス線	141
摩擦攪拌溶融接合	197
密着式シャーフェンベルグ連結器	241
ミニ新幹線	87, 258
耳ツン	190
メトロライナー	292
モニタリングシステム	254
盛土	51
漏れ電流	141

【や行】

やまびこ	111, 244, 275
融雪装置	51
誘導電動機	202, 208
ユーロスター	96, 113, 118, 270
床面高さ	128
雪切り室	245
用地取得	40
ヨーロッパ規格	80
ヨーロッパ鉄道およびインフラ事業者連合体	77
ヨーロッパ鉄道庁	77

【ら・わ行】

ラップ区間	146
離線	150
レールの研削	135
列車運行管理システム	122
列車集中制御装置	234
連接構造	56, 221
連接車	179
連節車	179
連続換気装置	191, 237

N.D.C.546 310p 18cm

ブルーバックス B-1615

図解・TGV vs. 新幹線
日仏高速鉄道を徹底比較

2008年10月20日 第1刷発行
2009年12月18日 第3刷発行

著者 佐藤芳彦
発行者 鈴木哲
発行所 株式会社講談社
〒112-8001 東京都文京区音羽2-12-21
電話 出版部 03-5395-3524
販売部 03-5395-5817
業務部 03-5395-3615
印刷所 (本文印刷)豊国印刷 株式会社
(カバー表紙印刷)信毎書籍印刷 株式会社
本データ制作 講談社プリプレス管理部
製本所 有限会社中澤製本所

定価はカバーに表示してあります。

© 佐藤芳彦 2008, Printed in Japan

落丁本・乱丁本は購入書店名を明記のうえ、小社業務宛にお送りください。送料小社負担にてお取り替えします。なお、この本についてのお問い合わせは、ブルーバックス出版部宛にお願いいたします。

[R]〈日本複写権センター委託出版物〉本書の無断複写(コピー)は著作権法上での例外を除き、禁じられています。複写を希望される場合は、日本複写権センター(03-3401-2382)にご連絡ください。

ISBN978-4-06-257615-4

岩波新書

宇宙と星

畑中武夫著

宇宙のなかのわれわれの地球、地球をふくむ太陽系、太陽をふくむ銀河系宇宙、さらに銀河系宇宙をふくむ大宇宙――それらはどのような構造をもち、どのように運行しているのであろうか。本書は、天文学の最近の発展の成果をふまえて、宇宙の姿をいきいきと描きだし、宇宙のなかの星のありかた、その一生をやさしく語る。

岩波書店